创新设计思维与方法
丛书主编 何晓佑

数字设计
隐形与显性转化的设计

陈 炬 著

江苏凤凰美术出版社

图书在版编目（CIP）数据

数字设计：隐形与显性转化的设计 / 陈炬著.
南京：江苏凤凰美术出版社, 2025.6. -- (创新设计思维与方法 / 何晓佑主编). -- ISBN 978-7-5741-3231-3
Ⅰ. TB472-39
中国国家版本馆CIP数据核字第2025BY1663号

责任编辑　孙剑博
编务协助　张云鹏
责任校对　唐　凡
责任监印　唐　虎
责任设计编辑　赵　秘

丛 书 名	创新设计思维与方法
主　　编	何晓佑
书　　名	数字设计：隐性与显性转化的设计
著　　者	陈　炬
出版发行	江苏凤凰美术出版社（南京市湖南路1号　邮编：210009）
制　　版	南京新华丰制版有限公司
印　　刷	南京新世纪联盟印务有限公司
开　　本	718 mm × 1000 mm　1/16
印　　张	12.75
版　　次	2025年6月第1版
印　　次	2025年6月第1次印刷
标准书号	ISBN 978-7-5741-3231-3
定　　价	85.00元

营销部电话　025-68155675　营销部地址　南京市湖南路1号
江苏凤凰美术出版社图书凡印装错误可向承印厂调换

前言

数字化以技术的形式悄然渗透进社会，引领日常生活全面拥抱数字信息，以一种新的认知方式诠释世界。个体和社会的行为、关系、情绪、事件都以更加精细、精确与透彻的方式被获取、分析和连接，将日常模糊隐性的生活状态转换为清晰显性的数字化生活方式。隐性与显性转换模式在哲学、社会学、心理学、经济学与设计学等学科中占有重要地位，同样存在于数字化生活现象中，推动着生活方式对满足自我价值及对生活意义的探索。因此，隐性与显性的转换不仅仅是一种社会现象、一种认知论、一种心理意识、一种技术原理、一种设计创新手段，还是一种探索生活意义的方法。因此，研究生活方式的转变，能够为设计提供新的认知视角、新的设计方法和新的设计实践内容。

本文以生活隐性与显性状态转换为研究对象，力图将生活方式转换模式与数字化设计方法相结合，以此贯通二者的思维脉络和设计理念。

从认知概念、认知本质和认知观念转换的角度，探讨隐性与显性转换是现象的本质所在，明确认知转换原理是创新过程中的理论基础。从生活方式作为社会学、消费领域和设计研究对象的分析中，阐明生活方式的变化是对自我价值和生活意义的探索。在对日常生活与生活方式相互转变研究中，发现生活既有变动明显、快速的生活方式，也有变化不明显、稳定的生活方式，生活的演变受到认知观念、需求逻辑、技术进步等因素转变的推动，明确此过程是认识、情感、意志和行动的隐性和显性转换。通过对数字化生活现象的剖析，以及对其理论的推演，发现生活状态是由隐性转变为显性的数字化生活方式，逐步厘清数字科技对设计认知、需求和体验的改变过程，以及解释数字化生活的关系和意义，为此提出了以下几个方面的设计策略：将数字化认知融入设计认知中，以提升设计的分辨率，并使隐藏的设计问题显现出来；将设计理念融入生活需求的转变中，调节数字技术带给生活的冲击，并重新理解生活的意义；将设计对象的范围进一步放大，强调体验的互动，以将真实生活与数字生活的边界模糊化，从而引导隐性的日常生活与显性的生活方式的相互转换。最后，提炼数字化设计的隐性与显性转换原则，并总结数字化设计隐性与显性转换的方法与流程，以及从两个不同角度设计、实践、验证和注解本文所提出的数字化设计原则和方法，证明了隐性与显性转换的设计研究能够拓展设计的边界，为数字化设计创新找到一个新的切入点。本文丰富了设计学理论，为探索数字化生活方式提供了实践路径。

目录

第一章　绪论 ———————————————————— 001

　　001　1.1 研究背景
　　009　1.2 研究现状
　　018　1.3 问题研究和意义
　　022　1.4 研究方法和创新点
　　024　1.5 研究框架

第二章　隐性与显性认知转换 ———————————— 026

　　026　2.1 认知论的发展历程
　　031　2.2 隐性和显性认知
　　036　2.3 隐性和显性认知的研究视角
　　042　2.4 隐性和显性认知转换
　　050　本章小结

第三章　生活方式作为对象的研究 ———————————— 051

　　051　3.1 生活方式作为社会学研究对象
　　062　3.2 生活方式作为消费研究对象
　　066　3.3 生活方式作为创新设计对象
　　077　本章小结

第四章　生活方式的隐性与显性转换 ———————————— 078

　　078　4.1 生活方式的衍变
　　086　4.2 认知转换推动生活方式转换
　　093　4.3 需求转换推动生活方式转换
　　101　4.4 数字技术推动生活方式转换
　　110　4.5 生活方式的隐性与显性转换衍化机理
　　117　本章小结

第五章　数字化生活方式设计 ———— 118

  118　5.1 隐性与显性的数字化转换
  129　5.2 设计认知数字化转换
  135　5.3 设计需求数字化转换
  145　5.4 设计方式数字化转变
  156　本章小结

第六章　数字化设计的隐性与显性转换策略 ———— 157

  157　6.1 数字化设计的隐性与显性转换原则
  161　6.2 数字化设计隐性与显性转换的方法流程
  165　6.3 隐与显——生活的数字化创新设计实践
  175　本章小结

第七章　结论与展望 ———— 176

  176　7.1 研究结论
  178　7.2 研究反思和展望

参考文献 ———— 180

第一章 绪论

1.1 研究背景

1.1.1 数字技术开启数字化时代

大数据、云计算、物联网、人工智能、区块链和量子计算等新一代的数字技术，以全新角度定义人、物、社会的关系，密切地融入生活和工作中，改变着人和环境的关系，带来超越期望的体验。在数字技术力量的驱动下，世界每一个角落将迎来创造性的变革，社会将进入一个新的生活现实——数字化时代。

新兴技术以越来越快的速度推动生活全面数字化。当移动电话推出后，过了12年用户数才突破5000万；互联网推出后，仅用了7年就达到了5000万用户；纯数字技术平台更以惊人的速度发展：脸书（Facebook）在4年内达到了5000万用户，而微信（WeChat）用了1年时间，Niantic[①]的增强现实（AR）游戏《精灵宝可梦GO》（*PokémonGO*）只用了19天就达到了5000万用户（埃森哲技术研究院，2019）。

自2007年苹果公司推出iPhone，智能手机引发的大爆炸式创新从此发生在行业和生活的方方面面，数字化开始普及。玛丽·米克尔（Mary Meeker）发布《2018年互联网趋势报告》，报告指出2017年互联网用户人数已经达到35.8亿，已经超过全球人口的一半（图1-1），中国网民规模为8.29亿。调查结果显示，人们在网络花费的时间越来越多，2017年美国成年人在数字媒体平均每天花费5.9小时，一天有1/4的时间被网络和数字信息占据（艾瑞咨询，2018）。由此可见，人类社会已被数字连通，数字信息的生活和工作场景应用已成为新的社会存在。

数字技术促使整个社会发生了根本性的变化，推动世界从工业时代向数字化时代迈进，全球主要国家都以提高实体经济质量和效益、重塑核心竞争力为目标，加速数字技术的发展，推动创新成果融入传统实体经济各个领域，成为经济发展的关键驱动因素之一（吴永，

---

① Niantic是美国加利福尼亚州一家全球顶尖的扩增实境的软件公司，与任天堂旗下精灵宝可梦公司合作开发的游戏《精灵宝可梦GO》，2018年用户突破8亿。

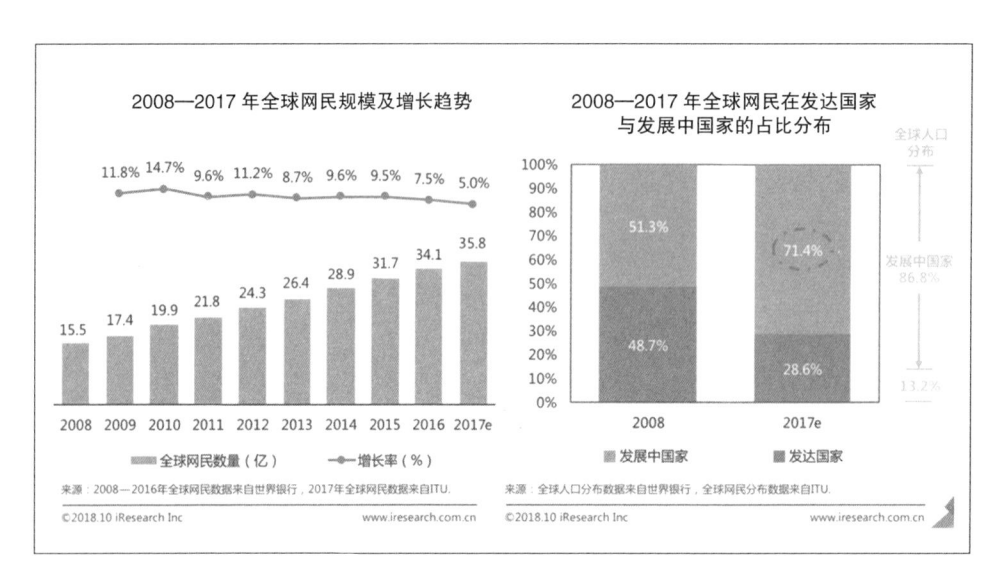

图 1-1　全球数字用户数量
数据源：《2018 年中国网络经济年度洞察报告》

2018）。麦肯锡全球研究院（MGI）[②]在《数字时代的中国：打造具有全球竞争力的新经济》2017 年度报告中评估了中国各个行业的数字化水平，从中可以观察到各行业的数字化发展趋势（图 1-2）。趋势表明，数字化将驱使价值从陈旧的商业模式流向全新的商业模式，从行动迟缓的传统企业流向敏捷灵活的数字型企业，从价值链的一环流向另一环。这意味着，在数字技术驱动下，创新发展理念多维度融合扩散到生产方式和组织形式的各个环节中，全方位促进传统产业各个领域的深刻变革。

中国信息通信研究院[③]2019 年发布的《全球数字经济新图景》指出，2018 年全球数字经济急速增长，所测算的 47 个国家数字经济占 GDP 比重高达 40.3%，已经占据国民经济核心

[②] 麦肯锡全球研究院（McKinsey Global Institute，MGI）是麦肯锡内部的研究机构，世界级领先的全球管理咨询公司。致力于提供公司整体与业务单元战略、企业金融、营销/销售与渠道、组织架构、制造/采购/供应链、技术、产品研发等领域。
[③] 中国信息通信研究院，始建于 1957 年，是中国工业和信息化部直属科研事业单位，提供信息通信及信息化与工业化融合领域的战略和政策研究。

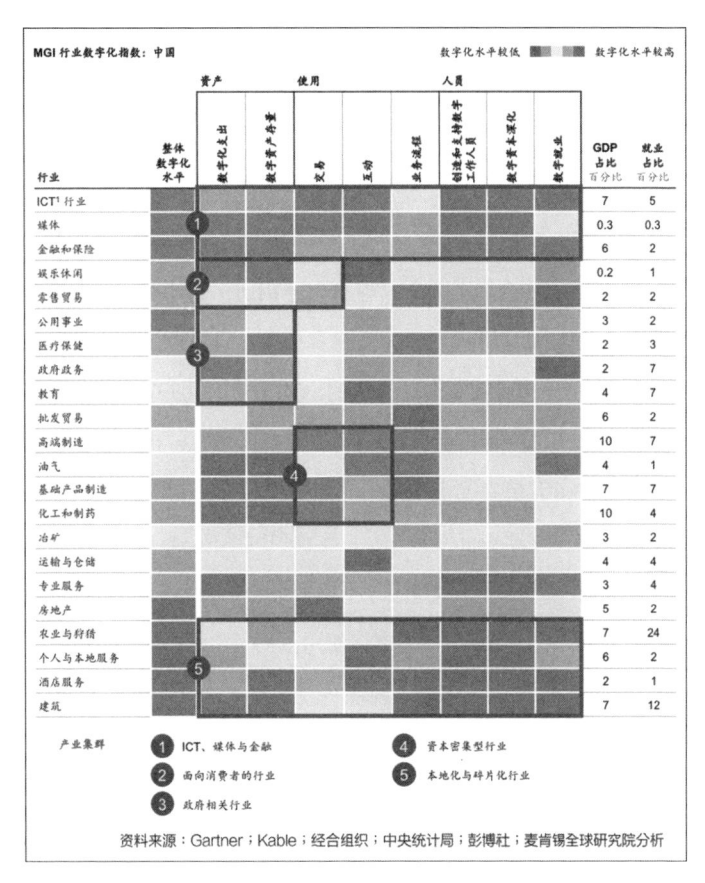

图 1-2 中国行业数字化指数
数据源：《数字时代的中国：打造具有全球竞争力的新经济》

地位，总规模超过 30.2 万亿美元。其中，美国规模最庞大，达到 12.34 万亿美元，中国规模位居全球第二，达到 4.73 万亿美元，约半数国家数字经济规模超过 1000 亿美元（中国信息通信研究院，2019）。新技术、新业态、新模式层出不穷，发展数字经济已成为不可逆转的时代潮流，成为全球经济复苏的新引擎。

新一代数字技术的高速发展持续催生新兴产业的同时，不断推动数字与实体经济深度融合，激发传统产业的转型创新，一场深刻的社会变革正悄然而至。

1.1.2 数字技术改变生活

数字技术以万物互联的理念，突破了传统的空间与时间的界限，使生活、社会乃至整个世界都相连相通，让消费者能够跨越时空地随时随地进行消费体验。埃森哲技术研究院[④]调查发现，中国的数字化消费拥有全球最大的网购人群，用户高达4.6亿，是美国的2.6倍；拥有最大的在线购物市场规模，在线零售销售总额高达5.6万亿人民币（8510亿美元），是全球第二大市场美国的2.2倍；移动支付领先全球，2016年中国智能手机用户中有62%使用了移动支付，这是国际平均水平的3倍多（图1-3）（埃森哲技术研究院，2018）。数字化使用占据了生活的大部分时间，改变着生活的日常状态，已经渗透到生活的方方面面。大约自2010年起，中国开始进入个人消费者时代，移动设备、互联网社

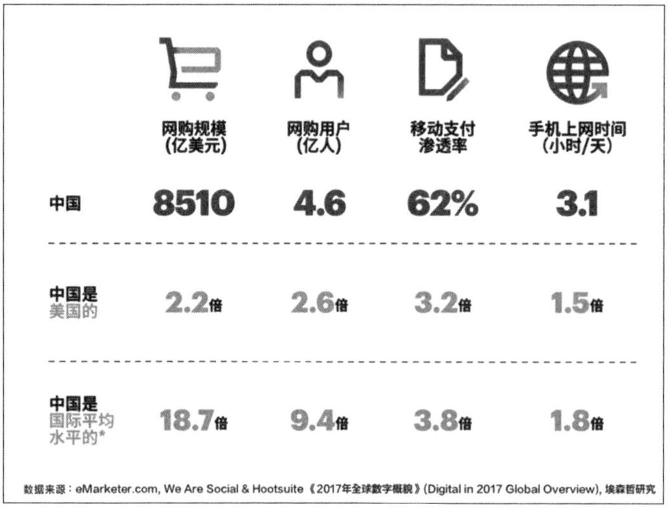

	网购规模（亿美元）	网购用户（亿人）	移动支付渗透率	手机上网时间（小时/天）
中国	8510	4.6	62%	3.1
中国是美国的	2.2倍	2.6倍	3.2倍	1.5倍
中国是国际平均水平的*	18.7倍	9.4倍	3.8倍	1.8倍

数据来源：eMarketer.com，We Are Social & Hootsuite《2017年全球数字概览》（Digital in 2017 Global Overview），埃森哲研究

图1-3 中国数字消费规模
数据源：《2018埃森哲中国消费者洞察系列报告》

[④] 埃森哲技术研究院是埃森哲旗下的技术研发专门机构、全球最大的管理咨询公司和技术服务供货商，帮助客户明确战略、优化流程、集成系统、引进创新、提高整体竞争优势。

交、电子商务、云计算、大数据等一系列新的科技应用改变了通信联系、娱乐购物、旅游出行、外卖餐饮、补习培训、行政服务、医疗保健，甚至改变了人与人之间的互动方式（艾瑞咨询，2018）。数字化的生活方式已然来临。

智能手表、手环、体重计等微型传感器配合运动健身应用软件（APP）以数据分析的方式，每时每刻计算着每天的运动量，精准分析身体能量、脂肪的消耗，帮助自我对身体进行管理；淘宝、京东每到年末就公布一份当年的消费详尽清单，分析报告个人消费金额、时间、物品、关注类型和习惯等。这些身体状况、消费情况的数据都是个体无法准确获知的，个体对其了解是模糊、粗略的，但借助传感器、数据分析、人工智能等数字技术能够将这些精准收集、分析和显现，为隐性与显性的认知转换提供了基础数据，成为提升自我和改变生活的认知基础。数字技术发展带来生活的多元选择，并推动着新的生活方式演变，整个过程持续处于嬗变当中。数字技术不仅改变着传统消费方式、消费情景和体验，也潜移默化地改变着个体和社会消费和认识观念。传统消费关注点在商品的性价比上，但是在数字化生活中，用户重点关注已从物的"功能"转变为围绕关键场景的"体验"，从"实用"转向"满足"，从"到店"触发购物动机转向"社交"推荐产品。数字技术提升了用户对物的多维度认知，生活观念的改变衍生出不同类型的生活方式。

2019年宜家成立了创意实验室，以数字化重新看待家庭生活，围绕着日常互动和生活关系，发现更多的可能性，用数字技术重新定义生活方式，设想了18种未来生活场景方式（图1-4）。其中运用了物联网、人工智能、机器学习、数据挖掘、增强现实（AR）、虚拟现实、空间智能等新的数字技术，对生活进行超前的想象。

18个未来生活场景设想，有的利用增强现实应用程序算法开发设计原型，将播放的音乐转化为彩色的粒子，可以在环境中"看到"音乐；有的利用传感和机器学习技术，用手势控制家中的物品，能改变灯光的色温、亮度和颜色等；有的运用3D扫描技术检验家中损坏的家具，快速判断并提供修理方案和教程；等等。虽然宜家提出的未来生活不会立刻来临，但我们能从中看到技术对于生活改变的各种可能，也只有数字技术进入日常生活中，才真正是科技改变生活。

图 1-4 宜家的未来生活设想
数据源：https://everydayexperiments.com/

1.1.3 数字化引发设计价值观的转变

电视机作为家中唯一的大屏幕，家人会习惯性地坐在沙发上，边看电视边聊天，借此增加彼此的沟通来维系家庭关系，构成家庭的生活方式。全球数据统计互联网公司 Statista[5] 的调研结果表明，不同年龄人群在看电视的时间上出现了重大分歧，随着新时代的成长，看电视的时间逐渐变少，花在其他屏幕上的时间更多了。其原因是数字互联技术让人们有更多获取所需信息的途径，改变了原来大家一起围坐在电视机前收看节目的习惯，变成了每个人可以通过手机、iPad、计算机等终端设备分散在各自角落获取信息，电视机在客厅的原本功能削弱了，这意味着由电视机、沙发和桌椅构成的空间关系和家庭关系也正在转变，家庭的互动、沟通方式也正在转变。

电视机的生产厂家不断设想未来的数字化生活场景，重新定义电视机在家庭生活中的角色，赋予电视机新的设计价值。LG 和松下公司利用 OLED 可以透明显示的技术原理，将电视机透明化融入家庭环境中（图 1-5）。LG 将电视机设定为卷帘和屏风，在需要观看时能够拉伸出来；松下则将电视机定义为家庭装饰品，是点缀生活的一部分；B&O 的电视机根据用户的使用方式来改变自己的形态，默认状态时屏幕隐藏在音箱后，打开刹那像蝴蝶振翼展翅一般，将屏幕显现出来；三星的 Lifestyle 电视机，可根据生活内容和活动空间需求不同随意搬动，在不被使用时，成为一个画框。（图 1-6）随着信息获取的愈加便利，曾经的客厅主角——电视机的存在意义愈发微渺，数字化生活下传统物品的功能已不再满足现实生活的需要了。

---

⑤ Statista.com 提供全球综合数据数据库，包括世界主要国家和经济体、特定行业的经济宏观资料，其中包含描述市场 / 行业趋势的关键指标、针对相关趋势和预测的行业调查。

LG Signature R OLED电视机
https://www.oledspace.com.cn

松下透明OLED电视机
https://www.panasonic.com/

图1-5　数字化电视机-1
数据源：笔者整理

B&O"蝶翼"电视机
https://www.panasonic.com/

三星 Lifestyle电视机
https://www.samsung.com/cn/lifestyle-tvs/

图1-6　数字化电视机-2
数据源：笔者整理

数字技术已经以润物细无声的方式，悄然地颠覆着传统生活与改变着组织结构，引领社会发生着天翻地覆的变革。数字化就像阳光、空气和水一样，已经渗透到生活的各个层面，无处不在，无时不在（李海舰、田跃新、李文杰，2014）。数字技术对人类影响之大无法估量，相互连接甚至是万物互联，使日常生活、社会关系进入了全新的模式，不仅改变信息传递的手段，还改变生活模式和生产模式（杰里米·里夫金，2012）。数字技术实质上是一个工具——一个改变世界现状的工具，事物都会因为数字技术实现重构，突破相互间的壁垒，同时也促使人们重新认识世界，重新定义人、物、社会和数字技术间的关系，甚至包括学科与行业的关系，从而引发对设计本质的重新思考。数字化认知的构建将有助于形成新的设计认识，赋予生活新的意义，提升社会的创新力。

数字技术在满足人们的物质需求的同时还撬动整个社会结构的转变，进而引发人们对未知生活期盼的探索及对社会价值认同的反思。由于数字化设计以商业价值为导向，以致一些与设计伦理相关的问题逐渐浮现，例如数字道德问题、数字隐私安全问题、数字污染问题、数字信任问题以及缺乏人文精神等，数字化设计逐渐陷入以经济运行逻辑的价值危机和社会价值的道德危机中（高颖，2017）。

凯文·凯利（Kevin Kelly）认为，一个由数字技术驱动的数字化社会逐渐构建而成，但与之不匹配的是，数字世界主人的认识观念还停留在旧有模式，还以传统的认识论和价值观看待新生事物，个体意识和心理认同与社会事实间存有差距，导致对生活开始失控（凯文·凯利，2010），对于被迫认同的新鲜事物，引发了无意识抵触情绪，就如迈克尔·哈里斯在《缺失的终结：从链接一切的迷失中找到归途》中所描述的信息的"缺失"不再存在，但内心的"缺失"愈演愈烈（迈克尔·哈里斯，2017）。这些变化的原因主要是以自我为中心的数字社会的兴起导致的，从哲学的角度解释是认知观念的改变，引发了认知与事实的冲突及对技术发展的负面情绪。因此，推动人与技术达成共识，形成共生的关系，以人为本，设计为人，由人做主，将是数字世界创新者的设计哲学。因此，以设计力量去重塑社会关系，引领科技向善，体现人文关怀成为设计新的追求目标。

1.2 研究现状

1.2.1 认知的隐性与显性研究现状

1.2.1.1 国外研究现状

西方认识论的研究从柏拉图、亚里士多德开始，到笛卡儿、休谟、康德、黑格尔的理性主义，再到培根、霍布斯、洛克、巴克莱和休谟的经验主义，到杜威、舍勒、维特根斯坦、迈克尔·波兰尼、曼海姆、福柯等的实用主义，以及对当今社会人文、经济和意识形态等各种环境的关注，研究已经经历了古希腊阶段、理性主义阶段、实证主义阶段和人本主义阶段。

传统的认知论是建立在"理性"的基础上的，无论是亚里士多德的形式逻辑、康德的先验哲学，还是黑格尔的辩证逻辑，都是强调"诉诸理性"的，"理性"推动了近代科学技术发展，注重知觉、表象、概念、归纳、分析、判断和推理等手段。但20世纪中期的研究表明，在自然和人文科学的研究中，非理性因素的作用是不容忽视的，创造性思维应该包括理性认知和非理性认知，灵感、想象、直觉、意识、兴趣及怀疑等非理性因素与社会生活联系密切且更加直接。托马斯·库恩（Thomas S.Kuhn）认为科学范式不仅仅是理性的产物，是大胆猜测小心求证的开始，猜测是瞬间灵感的非理性，科学范式的转换是依靠科学家的灵感、想象和直觉的（托马斯·库恩，2003）。

迈克尔·波兰尼（Michael Polanyi）指出人类认知活动中存在一种只能被理解或无法语言表达的"隐性"认知，通过隐性认知所习得的知识是所有知识的基础和内在本质。罗伯特·斯腾伯格（Robert Sternberg）认为隐性认知心理过程是程序化的，是一种潜在的行动意图，是默会的思维，不需要他人的说明，并且可以促进个人实现其价值目标（Sternberg et al., 2000）。而显性认知通常以形式化方式（如文字、图像、符号、公式或数据等）记载，相对容易理解、学习和交流，成为人们交流的有形和结构化的知识，以社会化方式传播，并存储在图书馆、局域网或数据库中。彼得·德鲁克（Peter Drucker）认为隐性认知来源于经验和技能，只有通过理解和实践学习才能够获取（张庆普、李志超，2002），常以无形或特殊的形式呈现，难以获取、理解和沟通，以独有、专属的知识存在于人的经验中并且相对主观，以非结构化和非正式的方式存在（Johannessen, Olaisen, Olsen，2001）。

野中郁次郎和竹内弘高从认知转换的角度，对比显性知识和隐性知识传播范围后，认为显性知识会以较低的成本快速、广泛地传播，成为社会的公共知识，属于显性认知；隐性认知实质上是个体经验属于意会知识和隐性知识，主要体现在内部进行的"意识形态模式"上，存在于个体的特殊背景中，取决于经验、直觉和洞察力。隐性认知只有转化为显性知识，才可以广泛传播，成为社会共同的认知，在知识创新过程中发挥作用（野中郁次郎、竹内弘高，2006）。以上表明隐性认知与显性认知转换成为知识更新的手段之一，隐性认知是可以被表达并被接受和理解的（Grimen，1991），能够通过动作、表情、图像等特定方式转译，使隐性认知被显示、习得、传播、积累及批评来获取。

1.2.1.2 国内研究现状

国内业界对认知理论的研究基本是在改革开放后，在西方哲学思潮影响下开展的。目前，对隐性认知和显性认知的研究主要集中在社会现象、市场营销、企业管理以及教育等领域的理论和应用上，关于隐性知识的研究论文也在逐年增加。特别是近年来，理论界对隐性知识的显性转换做了较多研究，并取得了一定的成果，应用研究和理论研究得到了进一步深化。研究主要集中在两方面：一是社会认知转变现象研究，二是认知转换的创新应用研究。

（1）社会认知转变现象研究

隐性认知是个体或群体经过长年累月积累而沉淀的认知，是不能够用言语直接表达的，通常不能传播或传播非常困难，此类认知也可称为"隐含经验类认知"（王德禄，1999）。石中英认为认知并不是一成不变的，随着科技进步，社会政治、经济和文化结构演变等因素不断变化，认知具有时代特征（石中英，2001）。张兴贵通过隐性认知与显性认知过程的比较，指出隐性认知的现实存在，社会的普遍性和日常的有效性，分析了隐性认知与显性认知的关系及认知过程的作用（张兴贵，2000）。周爱保等从隐性的社会认知角度分析物、人、事件信息加工的阶段、对象和过程，对隐性认知的理论体系进行了探讨（周爱保、陈晓云、刘萍，1998）。刘玉新等在对隐性的社会认知根源加以深入研究，明确隐性认知与显性认知的社会意义，从认知的态度、自我、印象、研究方法等分析（刘玉新、张建卫，2000），为研究隐性认知与显性认知提供了基本框架。

（2）认知转换的创新应用研究

范晓屏研究需求的识别、挖掘、分析表明隐性与显性转换是创新的路径，指出显性需求是清晰的、明确意识到的、言语清楚表述的，有明确的抽象或者具体满足物的内在要求；隐性需求是朦胧的、尚没明确意识到、言语表述不出来的、没有明确抽象满足物的内在需求，隐性需求是介于基本需要和欲望满足之间的一种中间状态，需求的转换是创造新的价值空间（范晓屏，2003）。葛明贵等学者认为在隐性知识显性化过程中，将个体经验转换为社会共有的知识是人类获得新知识的一个重要方法，在教育领域中知识的学习和传播具有重大意义和价值（葛明贵、谢章明、解登峰，2009）。陈中文在研究中认为隐性知识是企业管理的重要组成部分，属于重要的企业资源，认知转换的过程是经验的总结和升华，是知识创新的关键，引导企业管理效率的提升（陈中文，2004）。创新过程中的认识并不仅仅是一个单向的从客体向主体转化的过程，而是一个主客体间双向互转的过程（郝丽，2003）。因此，隐性认知与显性认知转换是开启设计创新大门的一种推力。

从国内外研究现状可看出，隐性认知与显性认知理论是在西方哲学认识论基础上发展而来的，如今，认识论的研究已经不再局限于基础研究的范畴，已经拓展到各类学科的应用研究，包括社会学、管理学、心理学、人类学、考古学、历史学和设计学等人文社会学科，甚至延伸至生命科学、人工智能等自然学科领域。认知随着社会的变化而变化。手工时代的认识理论研究，以个人经验、手工工具和个体技能为隐性知识，对物质世界认识和改造；机械时代的科学技术研究，以批量生产、流水线和现代管理显性知识促进经济和科技长足进步；数字时代，认识论的再次变化，改变人们对世界的认识，人、物、社会关系联系更加紧密。认识论的再次变化带来纯粹认识上和实践上的收益，因为理解本身就是目的，认知理论的升级对宏观世界和微观世界都无限延伸，以至产生新的理论。认知理论的升级，隐性知识与显性知识的转换，使认识论研究有了新的视角，这些新的认识和理论指导社会经济、生活消费、行为活动和设计创新的改变（尼考拉斯·莱斯切尔，1999）。

由于隐性认知的不确定、模糊及难以表达，其长期被拒于设计范畴之外，隐性和显性相互转换所产生的知识创新更是被忽视，以致在本人收集的文献资料中，甚少在认知层面上的研究：认知转换、生活方式的转变、设计创新三者间的相互转变问题很少，也较少有隐性与显性认知转换驱动设计创新或设计思维研究领域的课题。

1.2.2 生活方式的研究历程

奥地利心理学家阿尔弗雷德·阿德勒（Alfred Adler）首次提出"生活方式"概念。如今生活方式直接反映出个人或群体的行为取向、态度主张、价值标准和生活方法，已成为社会学、心理学、消费学、设计学领域的重要理论研究范畴。生活方式由无形与有形的因素结合，有形因素是有关人口变量，即个人的人口统计资料；而无形因素则涉及个人的心理方面，例如个人价值观、偏好和看法等。

众多学者如马克思、韦伯、凡勃仑、胡塞尔、齐美尔等对社会生活状态相继展开研究。在开始阶段，生活方式是社会阶层区分存在的表征，附属于其他的概念；随着"消费社会"的形成，消费成为生活的主角，生活方式的研究逐步成为一个独立的研究领域（高丙中，1998；刘悦笛，2002；刘志丹，2014；王雅林，2004、2006；吴军、夏建中，2012；于林龙、曾波，2010；郑震，2011、2012）。数字信息社会的出现，使得社会关系模式、消费模式和闲暇模式更为复杂多样，生活方式成为研究生活意义的核心问题。

1.2.2.1 生活方式作为社会现象的研究

社会学对生活方式研究的转变建立在埃德蒙德·胡塞尔（Edmund Husserl）创立的现象学（Phenomenology）基础上，胡塞尔在《欧洲科学危机和超验现象学》中指出，19世纪的欧洲正经历一场"人性的危机和科学的危机"（埃德蒙德·胡塞尔，2005），由于在自然、实证科学的主导下，研究习惯在抽象逻辑中理性思考而摒弃了个体的经验与情感，因此，数据、公式等科学概念被视为对纯粹事实的研究对象，忽略或遗忘真正重要的问题"生活世界"，为生活方式研究指明了方向。

根据主题意象、范例、理论和方法上的不同，生活方式作为社会现象可以分为三种不同的研究范式：社会事实范式、社会释义范式和社会行为范式（George，1975）。

（1）社会事实范式：主要对社会阶层秩序、规则、关系进行研究，并借鉴自然科学的实证和理性理论和方法，注重整体宏观的社会生活现象研究。主要研究学者有孔德（Comte）、马克思（Marx）、涂尔干（Émile）、塔尔科特·帕森斯（Talcott Parsons）、乔纳森·H.特纳（Jonathan H.Turner）、马丁·海德格尔（Martin Heidegger）等。

（2）社会释义范式：以生活方式的现象解释社会事实，以日常生活的种种表征作为观察和分析的对象，重视生活中事件与行为引申意义的研究，对日常生活的互动和动机的分析。马克斯·韦伯（Max Weber）、托斯丹·邦德·凡勃伦（Thorstein B. Veblen）、齐美尔（Simmel）、米德（Mead）等学者认为通过有意识的主体参与社会互动，能更准确地通过现象看到生活的意义，为日后流行趋势、用户研究、设计表达奠定了理论基础。

（3）社会行为范式：以客观观察、记录对象行为，通过实验研究，进而通过统计分析其共同的特征，形成普遍心理行为规律。阿尔弗雷德·阿德勒（Alfred Adler）、华生（Watson）、斯金纳（Skinner）、阿尔伯特·班杜拉（Albert Bandura）等学者强调行为心理学的研究对象和方法的客观性、开放性和可操作性，促使应用行为分析进入其他学科的应用领域，成为生活方式、消费洞察、设计创新等的基础研究。

20世纪60年代后，工业的迅猛发展、数字技术的规模应用、意识形态的多元化、消费社会的全球一体及现代艺术观念的层出不穷，促使人们重新反思生活意义与社会价值，逐渐衍生出各类社会文化思潮。社会学研究开始向日常生活转向，如舒茨延续胡塞尔的"生活世界"的研究建立现象学社会学；加芬克尔的常人方法学突显了日常生活互动中参与社会事实的建构的研究；哈贝马斯以社会交往讨论文化、社会和个性的内在结构；鲍德里亚围绕日常生活建立了消费社会理论；列斐伏尔开展了日常生活方式与资本主义生产关系的政治研究；布迪厄强调了"场域"是具有相对自主性的社会小世界构成的现象学观点；等等。这些新的社会思潮促进社会多元发展，同时促使设计学科更加关注商业价值之外的价值，特别是生活的意义和自我价值的实现。

1.2.2.2 生活方式作为消费现象的研究

随着生活方式被确立为衡量社会地位、社会分层的外在表征，研究者从社会生活的不同维度解释生活方式的概念，极大地拓展了不同学科领域对生活方式的研究。威廉·莱泽（William Lazer）将"生活方式"概念首次引入经济消费领域，将其定义为一种基于系统的结构，并指出生活方式会根据社会动态而发生变化和改善（William，1963）。莱泽对生活方式的研究促使从社会学理论领域延伸至经济消费的应用领域，研究方式从质性描述向数据量化转变。约瑟夫·普鲁默（Joseph T. Plummer）认为生活方式是指个人的日常行为。每种生活方式的特点是各种各样不同的活动、兴趣和意见，形成了独特的生活方式（Plummer，1974）。生活方式细分是从人而不是从产品开始，根据消费者画像的推论，筛选能够满足生活方式需求的产品，以获取越来越复杂和可操作的量化信息（Berkman，Gilson，1974）。生活方式和消费活动是互相影响和作用的，消费现象等同于生活现象，消费行为的研究直接反映生活方式的现实，消费行为心理研究也就是生活方式研究。根据生活场景的多样及研究角度的不同，发现至少有32种对生活方式不同的理解（Wells, Tigert, Activities，1971），虽然学者对生活方式定义不尽相同，但有一些共同点：①生活方式提供丰富的信息；②生活方式基于大量的数据，用于定性分析和定量研究；③对于生活方式来说，表达通常是口头语言，而不是专业术语（张敏敏、周长城，2017）。学者王雅林认为，生活方式是人的生命活动方式的总和，对社会提供的各种资源的使用和分配，并依存于文化风俗背景，所形成的行为活动、物质配置的方式（王雅林，1995），可以分为物质消费、家庭生活、社会交往和闲暇娱乐四个方面（马惠娣，2013）。2000年之后，对生活方式的研究在不同的领域继续深入，认识也更加深刻，逐渐被认为是个体在社会环境中成长衍化所形成的内在特征（Hawkins, Best, Coney，2001）。

众多学者从各自的研究领域解释生活方式。社会学是最早介入社会生活领域研究，从宏观的视角研究生活的所有领域，给出的定义相对宽泛，属于生活方式的广义定义。经济学的生活方式关注消费人群特征与生活方式间相关性的研究，生活方式影响消费者的同时也被消费行为反向影响,将生活方式视作可度量的对象。心理学通过分析个体的心理动机及行为特征,以解释和预测生活方式的变化,以定量研究生活方式描述认知结构与外在行为之间的联系。管理学从各个学科的适用部分借鉴,并关注时间和金钱等各种资源的分配方式,分配过程包括消费者行为(刘萍,2011)。

20世纪80年代,国内开始对生活方式的理论研究,以实现中国特色和现代化的生活方式为目标开始,积累了大量研究成果。随着经济的蓬勃发展,物质和精神需求得到极大满足,生活方式和社会交往发生翻天覆地的变化,生活方式研究的领域也随之扩大。其间,研究大多从社会学角度出发,探讨群体心理、消费模式、社会地位和流行时尚等较宏观理论,实证研究也着力于社会整体发展的变化趋势(张杰,2017)。

进入数字时代,数字技术的触角已延伸至工作、学习、生活、交往、消费等生活层面,并成为日常生活不可或缺的部分,带给生活一种数字化体验(Dufva,Dufva,2019)。数字世界与物理世界的无缝交互,对社会和个体的生活产生了深远影响,使之变得快捷、方便、简单,同时催生了新的消费模式、出行方式、交往方式、娱乐方式,经济消费、社会管理、设计创新、道德文化等不同领域的学者对新的生活方式开展全方位的研究。随着数字化进程的加速,数字技术提供快速、准确、全面的技术支撑,对生活场景的相关数据收集和分析,将隐藏的属性和特点显现出来,客观准确地表达当下个体和社会的生活状态、消费习惯和发展趋势,生活在被分解与连接后重新呈现。现在对生活方式的研究在宏观和微观上都取得了新进展,进而引发各个学科对未来生活方式广泛而多样的猜想(克里斯托夫·库克里克,2018),学科理论构建进一步充实。

1.2.2.3 生活方式作为设计对象的研究

设计被认为是对物质和非物质的再思考,是一种有目的改变生活的创造性行为活动,并随着社会和技术的发展而不断演变。200多年前开始的工业革命,促使劳动分工和大众消费出现,催生了以标准化和效率化的现代管理的工业思维,同时也诞生了相适应的生活方式。当下,以彰显数字技术革命的时代性和有效性,同样会催生数字思维和数字生活方式。生活方式作为研究对象，反映的是一定时期社会生活状态表征：生活方式表达的是群体的集体心态、经济条件、价值观念和社会时尚的集合，是特定时间、区域的社会生活风貌，科学、技术和经济能力的具体表现。生活方式作为设计对象，反映的是对美好生活的向往、对自我充分的理解、实现自我价值的过程，同时是物质与精神的满足。因此，设计以生活方式实现内化创新，生活方式以设计实践实现外化演变（张越、文静，2019a）。

在过去的十年间，由于生活场景的多样和复杂，设计的对象和方法也日新月异，特别是商业和管理学科引入和使用经济模式、管理手段等，这些概念和工具可用来理解如何在设计过程中定义商品的形式和功能，以及如何影响组织运行、组织内部结构和社会变革。设计研究者们在行为心理、商业管理、社会创新等不同维度，对设计的基础和意义进行了广泛的研究。跨领域的研究越来越关注产品形式的属性，关注产品语义、用户体验、个人价值和社会发展，这反映了设计理论和实践相结合的趋势。设计形式更新的目的不仅是改良迭代成熟产品，差异化同质产品，还是消费者需求和行为的根本驱动力（Noble，Kumar，2010），研究明确指出产品形式是功能的结果表达（Alexander，1964），更是设计美学及意义的表达。数字技术的广泛应用，将设计的边界从有形物体扩展到无形资产上，如体验和服务、社会持续发展和生活方式等方面。这种趋势可以理解为生活世界中设计所发挥的作用越来越大的结果，设计不仅生产制造"物"，更将无形资产结合到创新中，把生活作为设计对象将想象出的新世界变成现实（Brown，Martin，2015）。因此，可以重新理解设计作为过程、结果、意义和目的以及实现的能力，并将设计视为关于对象形式、功能以及这些组织活动的系列选择。

国内对生活方式的设计研究方兴未艾，国内高校以设计牵头跨领域开展生活方式的研究：2015年暨南大学成立首个"生活方式研究院"，2016年北京服装学院成立首个"中国生活方式设计研究院"并举办了"研讨会/TxD生活方式设计与科技国际论坛"，2017年、2018年清华大学先后举办"'洞见'中国中产型生活方式与设计研究论坛"（张越、文静，2019b）。在设计教育研究方面，以"生活方式与设计"为研究方向的硕士论文与科研论文和学术论文日渐增多。在产业界，美的、海尔、格力、微信、抖音、京东等实体和数字化企业都在开展大量的生活研究，并以创造新的数字化生活方式为目标开发产品。可见，研究、教育和商业等领域都认为生活方式是研究人、物、社会关系的最优路径，并以设计学的角度探究行为、消费、社会心理和自我实现之间的关系。

1.2.3 现状总结分析

经过对认知转换、生活方式和设计理论的前期文献进行整理发现，虽然生活方式在哲学、社会学、心理学、消费管理和设计学各自领域已经积累了丰富的研究成果，具备了一系列可供借鉴的结构维度模型，但在新的数字时代中，认知的转变、数字生活方式的成形、数字设计的本质尚未进行较为深入的理论研究，尚缺乏体系性研究。业界已经意识到设计在数字化生活方式转型中发挥的重要作用，但由于数字化生活刚刚出现，表征呈现不够充分，理论研究尚属起步阶段，对于设计研究和场景应用都没有明晰和权威的指引，因此，对数字化生活的设计研究有极大的研究空间。数字技术催生数字化认知，扩展人的认知边界，促使生活进入数字模式，对其内在运作机理做进一步推进细化的研究，将有助于推动设计改变生活的理论研究逐渐深化和成熟。

总体看来，目前并没有学者以隐性认知与显性认知转换理论开展针对生活形态从隐性到显性转换的衍化机理，以及认知转换驱动设计创新较为深入的理论研究。因此，本书希望通过隐性与显性认知转换、生活方式形成理论，结合数字化理念对设计理论进行专题研究，以此构建数字化设计认知，以推动生活方式的转换，为数字化设计理论多元发展提供一个新的视角、理论依据及设计创新方法模型，并为设计实践的方法模式提供更多的选择。

1.3 问题研究和意义

1.3.1 问题研究

每一次社会变革，其背后一定会产生新的力量与之匹配，融合科技和生活的矛盾，就如农耕时代的手工劳作产生的传统设计，工业时代的机器加工产生的现代设计（辛向阳、曹建中，2015）。如今以数字技术引领的社会变革，已经颠覆传统生活及改变组织结构，这也必将导致对设计学科的再思考——产生什么样的设计方法与数字化生活相匹配？如何认知数字化生活场景？数字化设计如何改变生活状态？这意味着生活状态、数字技术与设计的关系是共生共存的，三者之间是相互匹配和相互促进的关系（图1-7）。

与世界的互动、生活的体验、生活的意义以及对自我的价值等都正在全方位数字化,改变着过去习以为常的一切架构(何晓佑，2019）。设计作为数字时代创新的工具，肩负起重新构建数字化生活方式的重任，但以现有的设计学学科基础和哲学框架已经不

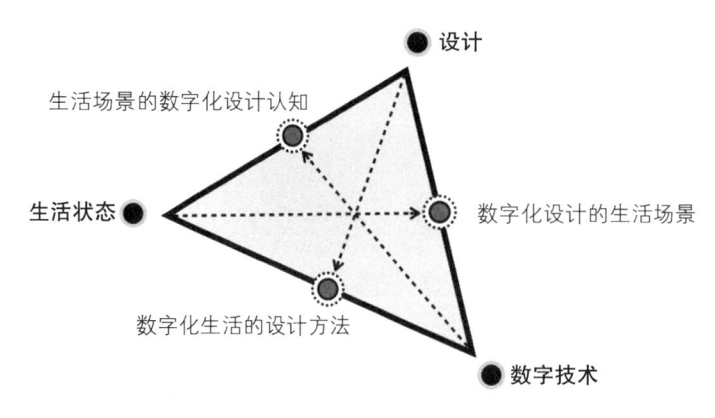

图 1-7　设计研究的三个角度
数据源：笔者绘制

足以解释，也无法指导现在数字化设计创新实践。因此，在此阶段探寻时代变革中的人内心的"缺失"、生活中"隐性"的需求、生活方式转变的衍化机理、数字化设计的定义、数字化的设计认知、数字化的设计方法，就是当前迫切需要解决的问题。

（1）基于设计定义的思考

维克多·帕帕奈克（Victor Papanek）在《为真实的世界设计》一书中对设计进行定义："设计是为了达成有意义的秩序而进行的有意识而又富于直觉的努力。"[1] 虽然这本书写于20世纪70年代，但在今天看来，重新解读这个定义对于数字化设计仍然有重要的指导意义。

"有意义的秩序"，阐明理想的设计关系，明确设计的本质，寻找内在的逻辑秩序以认识一直变化而又高度复杂的现实存在。"有意识"，明确人作为设计主体的认知能动性，以理性的认知思考生活的价值以及意义，研究分析设计规律与方法。"直觉的努力"，富有想象力的解决问题的方式，删繁就简的原则，一种超越"功能联合体"的更加精确简明的设计方法（维克多·帕帕奈克，2012）。

（2）基于设计认知的思考

隐性与显性转换的设计认知的提出并不是为了颠覆以往传统设计认知，而是作为旧有设计认知的扩充和升华。设计有了新的内涵，就需要新的对待，以及新的视角去掌控。首要任务就是以数字化视角审视人、物、社会新的关系，形成数字化设计认知，探索数字时代生活的价值以及意义。因此，以数字化设计认知发

---

[1] 《为真实的世界设计》（维克多·帕帕奈克，2012）

现生活的隐性和显性现象,构建新的内涵以引领生活方式的转换,从设计认知的角度来挖掘数字化设计的本质。

（3）基于设计方法的思考

数字化设计方法作为具数字社会背景的设计思维，必须具备数字化特性和以解决方案为导向的思维模式，就数字化设计的实践层面而言，目前尚需切实可行及完整的设计方法。本书以隐性与显性生活状态转换和设计认知研究结果为基础，凝练出具有数字化特点的设计原则和方法，形成一个可将现实问题转换为数字问题的设计方法及逻辑清晰并可操作的设计模式，为设计实践提供行动指南。

1.3.2 研究意义

本书以隐性与显性转换作为数字化生活的设计问题研究，基于哲学对认知论、社会学对生活方式等较为成熟的研究理论，剖析当下数字化给社会带来的认知变化；结合分析心理学的情结冲突、生活需求演进的原理，探讨隐性的生活状态向显性的生活方式转换的衍化机理；同时以数字离散和量化分析的数字思维，归纳在数字时代下设计的创新内涵及实践规律。把哲学领域的"隐性与显性认识"和社会学的生活方式理论引入数字领域进行设计认知的研究，探索数字化设计的本质及当下生活方式的转换同隐性与显性转换的设计共性，拓展理论研究的深度与广度，完善设计学科的理论体系；探索数字化转型过程中做出新的设计方式和方法，提升设计实践的应用价值。

（1）在理论上拓展深度与广度

以数字化认知聚焦设计的本质。数字社会人、物、社会关系的改变，以解析连接的思维重塑数字化关系和秩序，构建数字化设计认知观念，尝试探讨数字化设计的本质与原理，为后续设计理论深入研究提供思路。以多学科理论研究拓展设计思维理论的广度。基于哲学、社会学、心理学相关理论的研究，提炼出可用于指导生活方式隐性与显性转换的理论框架，拓展设计领域研究范畴，丰富数字化设计理论的内涵，为后续多学科理论研究提供了重要的理论支撑和实践依据。

（2）在实践上提供依据和方法

通过对数字化的设计认知、需求和方法进行理论的演绎，设计案例的分析，提炼形成数字化生活方式设计策略，并通过设计元素进行实践探讨，提出数字化设计隐性与显性转换设计原则和方法，为数字化设计元素提供一套可借鉴、可实践的方法和途径，并借此触发设计的创新灵感。

因此，本书研究的理论成果，能够为数字社会开展设计活动提供适时的理论补充，这既是设计学科自身发展面对新时期所亟须解决的问题，也是其他相关学科尤其是社会学、心理学等发展遇到瓶颈之后寻求新突破的借鉴。

1.4 研究方法和创新点

1.4.1 研究方法

本书通过对哲学、社会学、心理学和设计学的基础理论的研究，以及归纳分析数字技术理论和案例，解释性理解数字化生活变化，最终总结提炼出研究结论。因此，本书主要采用了文献分析、跨学科研究、描述性研究和经验总结等方法，研究过程中广泛采用概念、关联、推论等基本的思维方式，以及在发现、解释、假设、判断、实践、印证中循环往复。

（1）文献分析

对基础文献及生活设计案例的搜集与分析，找准研究的切入点，贯穿本书的前期研究过程。后期对认识论、生活方式、数字技术发展与设计理论相关理论进行归纳，对研究现状进行了资料梳理与总结，形成研究方向。

（2）跨学科研究

通过对哲学、社会学、心理学、数字技术发展与设计理论相关理论、方法和成果进行综合研究，进行了对比与归纳，以厘清生活方式及隐性至显性认知转化的特征和内涵。对数字化生活方式转换多维度理解，构建跨学科的认知，帮助形成本书的研究思路。

（3）描述性研究

对数字化生活现象进行整体性探究，通过描述解析生活方式的现象表征、演变规律和理论脉络，结合理解，给予叙述并解释，逐步揭示数字化对于生活方式转换的作用，对关系和意义的建构进行解释性理解的研究。

（4）经验总结

通过对已在社会上产生效应或在市场上获得价值的数字化项

目进行归纳与分析，从中探寻获得认同的理念、方法的设计因素，以及方案实现的过程中技术和设计手段的差异之处，结合认知、生活方式的研究使结论系统化、理论化，并上升为数字化设计原则和方法。通过设计实践，为数字化设计原则和方法进行注解和验证，以助理论模型的修正。

1.4.2 研究的创新点

将"隐性与显性转换"引入设计学中讨论，进行以下三个方面的探索：

（1）研究视角上的创新

从"隐性与显性转换"的视角研究数字化认知和设计的关系，并结合哲学、社会学、心理学进行交叉研究，从而提出一种数字化设计的认知视角。

（2）研究内容上的创新

通过对"隐性与显性转换"与"数字化设计"及"生活方式"领域的关系研究，构建生活状态的隐性与生活方式的显性转换设计策略，从而提出一种数字化设计的实现方法。

（3）实践层次上的创新

通过"隐性与显性转换"的应用研究，将生活中的隐性信息转化为显性信息，运用数字化手段，实现隐性的认知向显性的知识的转化，从而实现设计的创新。

1.5 研究框架

基于数字化的设计创新方法，就是以新的认知去理解数字社会中生活状态的变化及隐性与显性转换的设计路径。通过对认知概念、认知本质和隐性与显性认知转换的探讨，对生活方式理论研究、生活状态变化的因素、意识对生活方式形成的情结冲突，以及隐性和显性需求驱动生活衍化机理的深度分析，对数字技术催生数字化生活、数字量化解析的原理的解构及案例分析，构建生活的隐性与显性转换的模型，对数字化设计原则的深入分析，形成数字化设计隐性与显性转换流程。根据本书的研究内容，将论文的研究框架梳理如图1-8所示。

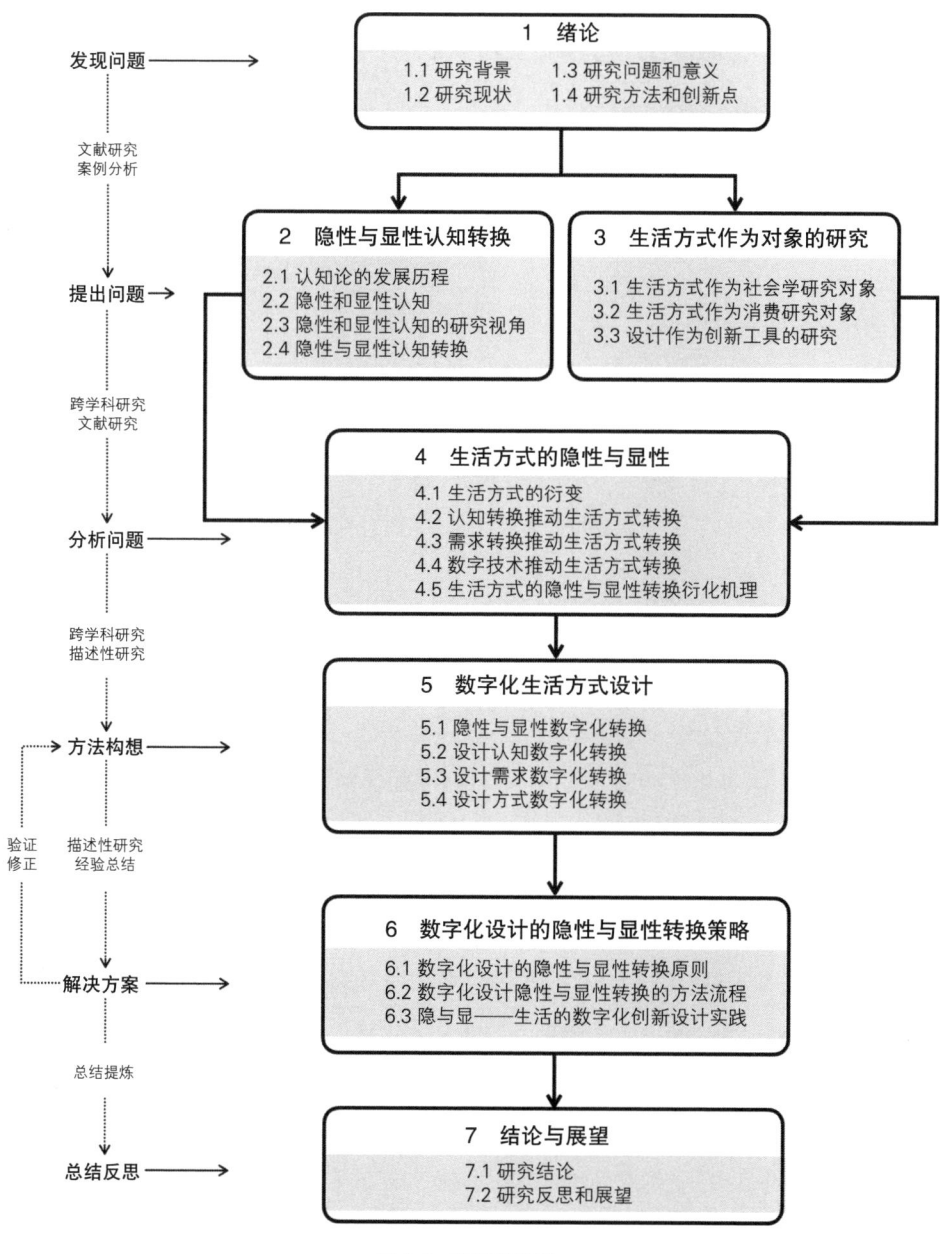

发现问题 →	**1 绪论** 1.1 研究背景　1.3 研究问题和意义 1.2 研究现状　1.4 研究方法和创新点
文献研究 案例分析	↓
提出问题 →	**2 隐性与显性认知转换** 2.1 认知论的发展历程 2.2 隐性和显性认知 2.3 隐性和显性认知的研究视角 2.4 隐性与显性认知转换	**3 生活方式作为对象的研究** 3.1 生活方式作为社会学研究对象 3.2 生活方式作为消费研究对象 3.3 设计作为创新工具的研究
跨学科研究 文献研究	↓
分析问题 →	**4 生活方式的隐性与显性** 4.1 生活方式的衍变 4.2 认知转换推动生活方式转换 4.3 需求转换推动生活方式转换 4.4 数字技术推动生活方式转换 4.5 生活方式的隐性与显性转换衍化机理
跨学科研究 描述性研究	↓
方法构想 →	**5 数字化生活方式设计** 5.1 隐性与显性数字化转换 5.2 设计认知数字化转换 5.3 设计需求数字化转换 5.4 设计方式数字化转换
验证 修正 描述性研究 经验总结	↓
解决方案 →	**6 数字化设计的隐性与显性转换策略** 6.1 数字化设计的隐性与显性转换原则 6.2 数字化设计隐性与显性转换的方法流程 6.3 隐与显——生活的数字化创新设计实践
总结提炼	↓
总结反思 →	**7 结论与展望** 7.1 研究结论 7.2 研究反思和展望

图 1-8　本书研究框架
数据源：笔者绘制

第二章　隐性与显性认知转换

2.1 认知论的发展历程

2.1.1 认知论的基本概念

自孩童时代就被要求开始"认识"生活：了解自然、与人沟通、掌握知识、融入社会等。现实中的生活是复杂、变化、多样、模糊的，"认识"就极其困难。因此，无论是在生产消费当中，还是在设计创新当中，或是在哲学研究当中，认识"生活"是一个古老而又常新的论题。"什么是生活？"一个人要对"生活"本身进行理性认识并不容易。如果这个问题不能用哲学来回答，那所有生活理论的问题如生活的价值、生活的形态、生活的结构、生活的方式、生活的演变等就失去了逻辑依据和研究意义。

寻找规律与秩序，是人类生存的基本活动。从婴儿到成人，一点一点认识客观世界的规律，以及主观世界的规律，学会服从规律，进而掌握规律，进而创建新秩序。对生活规律的研究，始终是从人的认识开始的。英语中，"认识"与"认知"为同一个词"Cognition"，《剑桥词典》《韦氏大词典》和《柯林斯词典》中，将认知作为人类学习和理解事物的心理过程来理解，包括感知、记忆、推理并判断。《现代汉语词典》与《辞海》都将"认识"理解为感觉、知觉、想象、注意、记忆、思维、语言理解和产生等心理现象的统称，是对客观世界的能动反映。在《当代西方心理学新词典》《心理咨询大百科全书》《简明心理学百科全书》和《心理学大词典》等心理学工具书中，"认识"是大脑对客观事物的特性与联系的反映及对人的意义与作用的思维活动，包括一个人的所有认知活动，是情感和意志的心理过程的总称，是信息加工、符号处理、问题解决、思维活动、相互关联等人脑对信息处理过程（萧浩辉，1995）。由于认识是直接接触外部事物的表面和侧面现象，感知认识是不完整的，为了充分反映和把握事物的本质和规律，需要以大脑中已有的积累丰富的感性经验和知识去间接认识事物，在进行分析、综合、归纳和演绎等逻辑活动之后，形成概念、判断和推理的过程，从而认识上升到认知层面，使理解上升为理性，揭示事物的内在联系、本质和规律（姜奇平，2003）。因而，认知是获得知识或应用知识的过程，是信息再加工的过程。

学者孙隆基在《中国文化的深层结构》中认为"人对客观世界的概念化是人的'认知意向'与客观世界之间达成的一项协议"（孙隆基，2004）。认知意向从不同角度出发认识世界，就会产生不同的理解。这种协议其实就是一套认知的"分析架构",对客观世界加以条理化的作用,以其独特的分析,梳理出一种"现象"。因为观点决定了认知的投射范围,即对客观世界中某类关注现象,"认知意向"使其在意识中凸显出来,并寻求一种必然的相关性,并以此为"本质",而认为认知投射范围外的、被忽视的或没有关注的部分是"非本质"、偶然或隐性的因素,甚至当作不存在的(孙隆基,2004)。由于"现象"是认知意图组成的,并且认知意图总是从一个角度出发,因此,任何认知意图都可以"看到"从其他角度看不到的"现象"。

胡塞尔认为,认知往往是从模糊到明显,经验事实是模糊的、靠不住的,认知并不能以其连续的观察告诉人们本然的真实性。人认知物体的方式,往往是基于一个视角来看这个物体,不可能同一时间、从所有角度一次性看完整个物体(埃德蒙德·胡塞尔,2005)。就如在漆黑中拿光照向物体,沿着光线能够看到物体显现的部分,隐藏在黑暗中的就不为人知,也正因为这样,不可能"看到"只有从其他角度才看得到的现象。因此,当人们认识客观世界现象时,任何一种认知意图都会不可避免地屏蔽从其他角度认识客观世界的意向结果。孙隆基以"提灯照物"形象比喻现象和本质的关系。

如果我们将"光"比作某种认知意向在现象中看到的"本质"部分,又将"暗"比作它所看到的"非本质"部分,就会获得这样的理解:将认知意向的方向转换,作为认知对象的"现象"的内容也会跟着起变化。[①]

显现和隐蔽部分就随认知意向的方向转换而不断转换。因此,在现实生活中,经历的事件会因认知意向转换而变化,它由显性在场的内容和不在场但是被共同意向的隐性内容所组成。因此,认知与体验活动是由两种不同认识意向所构成的混合物,小部分是意向显性的在场,大部分则是意向隐性的缺席,即物体的"其他侧面"(罗伯特·索科拉夫斯基,2009)。因此,

---

① 《中国文化的深层结构》(孙隆基,2004)

认知具有两个属性：主观和客观。一方面，认知通过以人为主体的思想形式来反映或复制对象；另一方面，认知基于客观的日常生活，内容来自客观世界。认知的目的和任务是正确地反映对象，获得有关外部现实的正确认识。

2.1.2 认知论的发展过程

西方认知论的研究从柏拉图、亚里士多德开始，已经经历了多个阶段。学者成中英等（2001）认为，在西方哲学史的研究上，认知论的发展经历了四个阶段。以多元性的思维方式代替二元分立的思维方式，使得认知论研究领域大为拓宽，内容大为丰富。传统认知论往往认为认知是从客体到主体的单向过程，主要讨论个体抽象的认知本质、认知过程和知识获取情况，并不注重认识中的主体性，没有讨论认识从主体到客体的转变过程（郝丽，2003）。为了提升认识的有效性，必须充分、合理发挥人能动的创造性思维活动的主体性（闻曙明，2006）。孙伟平从"主体"的角度强调了主体在认知活动中的能动性，过程中主体意识的信息加工、符号处理、问题解决、思维、相互关联的作用，明确了两者之间存在着互动关系（孙伟平、张明仓、王湘楠，2003）。

当代认知论研究认为主体受外在的各种社会环境、社会状况和科学技术水平所影响，作为一种理性的存在，应与所处的环境和文化背景相结合，共同研究主体的状态、心理、意识现象的变化，实现认知理论的深化与突破（高岸起，2003）。孙伟平等提出了四种认知论的转换思路（表2-1）。

上述认知论"范式"的转换，强调理解主体（人）的社会、历史、文化、生活的内在联系，其中蕴含了维特根斯的"生活形式"观点、哈贝马斯的"交往行为"理论和胡塞尔"生活世界"概念，都是以日常的、具体的生活世界作为科学经验世界的基础（杜以芬，2004），从而揭示了原先被隐蔽的生活世界的基础，开始关注人类生活日常的、非言语的、包含了隐性的向度，为认知论的研究开辟出一条新的途径。

表 2-1　四种认知论

类别	理论观点
社会认知论	认知作为主体（人）的社会活动过程，考察社会心态、社会行为、社会互动、社会结构和社会转型等演变进化规律
文化认知论	认知作为主体（人）所创造的文化去研究自身，研究文化发展规律、结构本质、传播应用等认识论衍化问题
历史认知论	以宏观的角度研究主体在历史长河中的位置，主体即历史的操控者，也为历史所推动，历史性构成了人的存在规定
生活认知论	以微观的角度看待生活，更真实地走入生活中，研究人的意识、需求、情感、行为，以及在不同生活方式中的特点

数据源：《近年来我国马克思主义哲学研究评述》

2.1.3 认知的转型

认知的发展促进人类进步、科技发展、社会经济发展，自身也经历了重要的转型。石中英认为现今人类历史上经历了三次认知的转型：第一次转变认为存在论的真实是永恒不变的形式或观念，不再满足于神话的解释，这是神话向形而上学的转变；第二次变革的是利用科学理性知识进行变革，以理性、怀疑、逻辑、公理的认识对专制、集权的反抗，这是形而上学认知向科学认知的转变；第三次转型的实质是用新的科学认知观来突破西方的科学知识，是从科学认知到文化认知的过渡。推动三次转型的原因：一是科学技术的发展导致认知观念和知识标准的改变；二是社会政治、经济或文化结构发生大的变动（石中英，2001）。由此可见，科学技术发展和社会的变动都在推动着认知论向知识论的转变。

今天，认知论的研究已经不再是基础研究的范畴，而是拓展到各类学科的应用研究，包括社会学、管理学、心理学、人类学、考古学、历史学和设计学等人文社会学科，更延伸到生命科学、人工智能等自然科学领域。认知随着社会的变革而变化。手工时代的认识理论研究，以个人的经验、手工工具和个体技能为隐性知识，是对物质世界原始的认识和改造；机械时代的科学技术的研究，以批量生产、流水线和现代管理显性知识，促进经济和科技长足进步；

数字时代，认识论的再次变化改变了人们对世界的认识，人、物、社会的关系联系更加紧密。认识论的再次变化带来纯粹认识上和实践上的收益，因为理解本身就是目的，认知理论的升级在宏观世界和微观世界都无限延伸，以至产生新的理论。这些新的认识和理论指导社会经济、生活消费、行为活动的改变（尼考拉斯·莱斯切尔，1999）。

传统认知论认为认知是人的本性，是根据主观认知与客观的相符合来理解真理知识，是对外部世界的静观，并没有深刻反思知识的成因和本质，以及对求知的实际过程的深入研究（俞吾金，2019）。简而言之，在传统的认知过程中，只注重于解释现有知识和已知知识的含义和发展逻辑等理性行为，例如概念、判断和推论，并使用许多推测框架来适应和说明该知识，而不观察其背后的知识以及产生该知识的主体，忽略了内隐的认知方法和手段，例如情感、意识、兴趣、顿悟和怀疑，认知的结果通常集中在言语上或用言语表达的载体上，忽略了无形意会成果。波兰尼认为，人类认知活动中存在一种与认知个体活动密不可分，只能被理解或无法言语表达的隐性认知，这种隐性知识是所有知识的基础和内在本质（Michael,1961）。个人知识实际是意会知识和隐性知识，需要对其转化才能在知识创新过程中发挥作用（野中郁次郎、竹内弘高，2006）。

认知理论的升级与知识意义的转变，导致认知论以全新的视角开启当代认知论研究，注重知识创新的方法和手段，关注社会、科技、人文的整合发展。

2.2 隐性和显性认知

2.2.1 认知的原理

认知被理解为一个认识的过程（Knowing）或认识的结果（Knowledge），是人类认知客观世界及意识社会化的过程，是从无形到有形知识的转换过程，是认识与直觉、灵感和想象碰撞的结果，最终总是以某种形式出现。现代心理学的研究成果表明，人是在实践、实验已有知识的基础上，利用自身的创造性思维实现认识从感性到理性的转换的。

现实生活中，事物的产生和发展是连绵延续、相互关联、浑然一体的，无法直接描述。人的认识是通过将原本连续的事物拆开为一个个独立不连续的节点，以抽象思维将不相同的事与物概括归类，并对此归类进行深入理解和分析（徐晋，2018），此过程也称为离散化（图2-1），是通过对物的内容域按照性质不同划分区间，将相同或接近的内容集合，以区间的标号替代实际的数据值，以便对物的数据值进行不同角度、维度概念分层，概念分层就是物的离散数据的归约，通过归约数据形成样本。分层越多，样本也就越多，数据精度越高。以样本的离散集合形成数据中特定模式的规则，显现出物属性值的差异和序列。物的连续性通

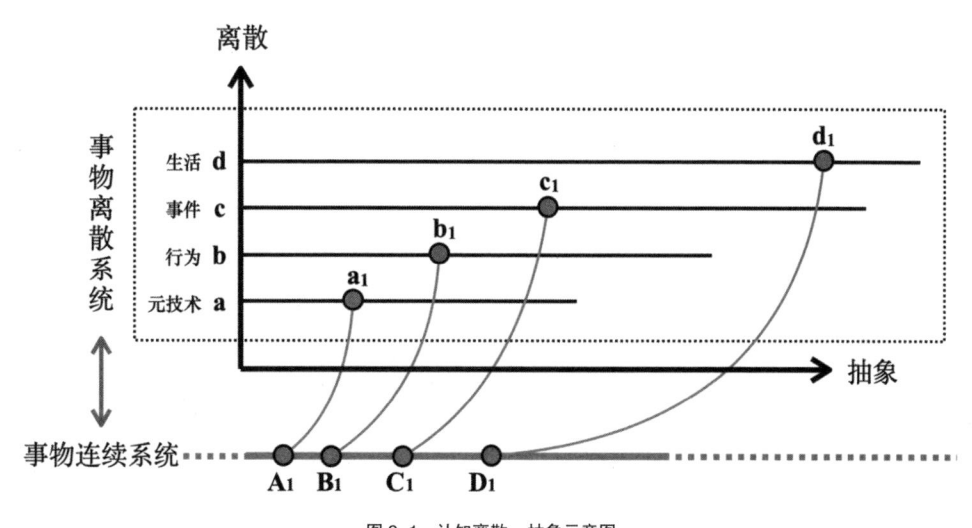

图 2-1 认知离散-抽象示意图
数据源：笔者绘制

过此过程转换为间断的离散集合，因此能够将这些同属性的集合进行单独处理，离散后的集合更容易认知和解释，更容易赋予新的定义。

这是人类最本质的认识方式，以离散和抽象思维将原本连续一体的事物或实体分解及类化成一个个最基本的粒子去表达或者理解，能够把混乱复杂、无法表达或解释不清的事物厘得条理分明、结构清晰且易于分析和控制，使对客观现象的认知从模糊变得清晰。

2.2.2 认知的感性与理性

认知活动是理性和感性认知的结合。随着科学技术的不断进步，生活的内容亦随之日渐丰富，范畴也日渐扩展，对客观事实的认识也越来越深刻。生活具有整体性，是不可单独分析的，而理性认知的特点是分析，所以理性不足以独自解释生活的本质。在社会的现代化进程中，人们逐渐意识到，无论是在科学研究、技术创新中，还是人文社会研究活动中，感性因素在改变科学、技术和社会生活中的作用日益突出。特别是在社会转型、消费升级、数字生活、设计创新等领域认识过程中，人的主体性作用日益显现，感性活动备受关注（郝丽，2003）。传统的认知论是建立在"理性"的基础上的，无论是亚里士多德的形而上学、康德的形式逻辑，还是黑格尔的辩证逻辑，都是强调"诉诸理性"的（王树人，2003）。人的认知过程和灵感、想象、直觉、意识、兴趣和怀疑等非理性因素与社会生活联系更加直接和密切相关，特别是在从感性到理性认知的转变中，在经验认识的基础上，对复杂而纷乱的感性数据，经深思熟虑，加以去芜存精、追本溯源、删繁就简，进行逻辑梳理，使其成为理性认识。感性经验是可以通过人的主观能动、逻辑推理成为理性认知的，强调了感性认知是理性知识的源泉和基础。

因而，库恩认为科学范式不仅仅是理性的产物，应该是大胆猜测、小心求证的开始，猜测是灵感瞬间的感性，求证是科学严谨的理性，科学范式的转换是依靠科学家的灵感、想象和直觉的（托马斯·库恩，2003）。研究表明，在自然和人文科学的研究中，感性因素的作用是不容忽视的，创造性思维包括理性认知，如知觉、表象、概念、归纳、分析、判断和推理等手段，更不能缺失感性认知，如直觉、想象、灵感、无意识等手段。因此，要全面认识生活不仅需要理性的分析，还需要感性的直觉。

认知活动具有外在的显现性和内在的隐蔽性。认知活动的客观性和外部性是以可视的、直观的外在形式，将所要表达出来的意思传达出来，通常以文字、影像、声音、符号、公式、数据等抽象形式来记录认识的内容，以书籍、杂志、报纸、广播、电影、电视、磁盘、互联网等作为知识载体进行广泛传播。同时，认知的产生、表达和传播都受内在因素（如人体生理结构、经验背景、语言文化、逻辑规则和概念类别）的控制和影响，具有内在性。因此，认知是基于个人体验，建立在经验活动、文化背景和认知模式上的。实践和研究表明，主体间性、主客间性的互动、交往、情感和体验在认识和改造世界、知识创造和传播的过程中，蕴含着人对世界的期望、欲望，与人类的经验、理想和智慧交织在一起，以理性和感性的认知共同探索自然、改善生活、改变社会。

理性与感性的转换使人们对认知有更深刻的认识，强化了认知的归类，同时也拓展了认知的边界，改变了生活领域的知识储备中隐性的份额。古希腊哲学家亚里士多德从认知类型的角度，将人类的知识分为三类：纯粹理性、实践理性和技艺；罗素从主体经验的角度将人类知识分为三类：直接的经验、间接的经验以及内省的经验（闻曙明，2006）；联合国经合组织（OECD）[①]从认知用途的角度，在1996年年度报告中将知识分为四种："Know-What"事实知识、"Know-Why"知识原理、"Know-How"技能知识和"Know-Who"关系知识（联合国经合组织，1996）。由此可见，认知具有感性与理性的性质，是经验与知识转换的过程，是一个从模糊到清晰的过程。

认知的转换是创新过程。创新的过程是相当复杂的，不仅需要系统性的感知、描述、判断、推理等科学方法，更需要非系统性的直觉、灵感、想象，甚至经验等感性认识。但是传统的认知理论是构建在"理性"的基础上的，对未经系统化处理的经验类认识没有给予足够的重视和承认，轻视"感性认知"和"个人知识"的存在和作用，认为知识就是"理性"的唯一产物。这种片面认知的根源，是人的思维习惯于从现有的科学理论中推断，过于强调知识的客观性、非个体性、完全的明确性等，没有看到认知中的主体性及主客之间存在着互动关系。

[①] 联合国经合组织（OECD）是全球36个市场经济国家组成的政府间国际组织，总部设在法国巴黎米埃特堡。

但已有理论具有历时性，没有思维的实际过程，仅有形式逻辑推理的结果。因此，认知的转换过程并不是单向的，不是从感性到理性的转化过程，而是感性与理性双向互转的过程。

2.2.3 隐性与显性认知理论的提出

人类对事物认识有一个不断重复升华的认知过程，这个过程总是：从获取具体感性经验外化为抽象理性知识，再从抽象知识内化为具体经验。波兰尼指出这个过程就是认知的隐性与显性转换的过程，他认为显性认知是指理性推理后，能够借助中介清晰表达及广泛传播的认知；隐性认知是指能被感悟成为个体经验，无法清晰准确表达及广泛传播的认知。他正式提出了"隐性知识"概念，开始直接面对它存在的价值，认为知识来源于实践，都是隐性的或植根于隐性认知（迈克尔·波兰尼，2000）。隐性的认知是个人的、情境的，难以进行正式的沟通和交流，人类可以通过创造和组织自己的认识来获取知识，隐性知识难以被捕捉和界定，甚至很难表达，但非常有价值，占人类所有知识的大部分。波兰尼认为因为传播力度和辐射范围的限制，没有显性化的隐性知识是难以传播的，个体只能通过人与人、人与环境的直接接触不断积累习得，学习成本非常高（迈克尔·波兰尼，2000）。

斯腾伯格等从认知心理学角度研究隐性认知。他们认为所谓隐性认知指的是以行动为导向的认知，是默会的思维，心理过程是程序化的，它的知识获取一般不需要他人的说明，并且可以促进个人实现其价值目标。这类知识的获得与运用，对于现实生活是很重要的（Sternberg et al.，2000）。此外，隐性认知反映了从生活活动的经验中获得的技能以及将所习得的知识应用于追求和实现个人价值目标的能力。

野中郁次郎和竹内弘高从认知转换的角度，对比显性知识和隐性知识传播范围的不同，认为显性知识会以较低的成本快速广泛地传播，成为社会的公共知识；隐性知识只有转化为显性知识，才可以广泛传播成为社会共同拥有的知识（野中郁次郎、竹内弘高，2006）。

德鲁克认为隐性知识来源于经验和技能，如骑自行车，不能用言语来解释如何掌握平衡、手脚眼如何配合，只能被演示证明动作技能的存在，也只有通过理解和实践才能学习该技能（张庆普、李志超，2002）。

丹麦学者约翰内森（Johannessen）和奥莱森（Olaisen）认为，显性知识通常以形式化方式记载（如文字、图像、符号、公式或数据库等），相对较容易理解、学习和交流，是人们交流的有形和结构化的知识。显性的知识是公共的，并存储在图书馆、局域网或数据库中。隐性知识通常以无形或特殊的形式呈现，难以获取、理解和沟通，以独有、专属的知识存在于人的经验中，并且相对主观，以非结构化和非正式的方式存在（Johannessen，Olaisen，2001）。在社会生活中，隐性知识以认知为基础并且与特定项目和语境有关，在基于技能的活动中创造无形的资产。人的价值不仅是劳动，更重要的是人是无形知识的学习和传播者，因此，隐性知识在解决现实生活中和意料之外的问题具有重要价值。

维娜·艾莉（Verna Allee）认为隐性认识集中在我们内部进行的"意识形态模式"上，存在于个体的特殊背景中，取决于经验、直觉和洞察力。这些思维模式包括观念、习俗、概念、定义、形象、价值和判断。隐性认识还包括某些技术因素，如特定的技巧、专有的技术和在实践中获得的经验窍门。

哈罗德·格里门（Herald Grimen）认为隐性认知是获取知识的手段之一，不一定通过语言的形式掌握，可以通过转译的方式被显示、习得、传播、积累和批评。非语言的方式很多，如动作、表情、图像等。隐性认知可以通过特定方式来表达并被接受和理解的过程（Grimen，1991）。这个显示的过程是后续获取、传播、积累和批评的基础。

王德禄认为所谓隐性认知，往往以个体或群体经过长年累月的积累而沉淀的知识，是不能够用言语直接表达的，因此也可称为"隐含经验类认知"，此类认知通常不能传播或传播起来非常困难（王德禄，1999）。

对于"隐性与显性"概念的理解因研究目的、方法、路径不同，研究的标准和领域也有所差异。因此，学者对"隐性与显性"有多种不同的定义，形成复杂的综合特征。由于隐性知识较高的传输成本和较小的传播范围、非结构化和专有的性质、难以表达的特性，隐性知识的转化成为个体、社会创新的重要来源，是知识创新的关键。因此，隐性知识获得与运用的过程就是前瞻和顿悟的瞬间、发现和解决问题以及创新和判断的过程，隐性与显性认知转换对于生活改变和社会转型具有重要价值。

2.3 隐性和显性认知的研究视角

2.3.1 哲学的认知研究视角

隐性认知是一种内在于行动的认知或构成行动的经验，同时也体现了人作为主体积极参与认识的过程和知识获取的过程，是对知识的实践肯定。不同研究领域的哲学家从不同的角度探讨了关于隐性认知的各种问题。

在认识一个物体的认知过程中，不仅仅看到在当下视点上看到的侧面，同一时间意向、共同意向的那些没看到的隐蔽的侧面也需要留意。实际上，我们所"看到"的内容比直接进入眼帘的东西要多，因为在人的习惯性思维下，如观察一个立方体，所见的与潜在可见的侧面同时被感知，隐藏的侧面也被一起"认知"，是因为其作为缺席的面在意识中而被人的大脑"认识"，隐性共同参与理解这个立方体，成为认知立方体的部分，让人从其显性和隐性的维度来表述物体。

"现象"是"显现"出来而被"看"到的东西。"显现""看"的动作中都有意识的参与（意识的导向、选择、自我显现）。由于意识本身的结构是多元的，意识选择了观察事物的视角，每次不同视角的观察都会赋予同一客观事物的同一个方面新的联系、新的含义。所观察的结果"现象"就是事物多维中的一维。事物出现不同的现象，不是因为其本身在变化，而是人的意识作用方式在变化。胡塞尔认为应该暂时"悬搁"对物体观察，而应该通过关注特定现象来直观地理解其本质，就是主体先把物体看作不存在，即从感知的经验回到纯粹现象的意义，这种暂时停止对事物存在观察的态度和方法被称为"现象学还原"，又可叫作"悬搁（Epoché）"（埃德蒙德·胡塞尔，2007）。具体而言就是把外间事物"加括号"，使其失去作用，中止对当前意识事物的态度、信念和假设，游离于其外，以便专注于对现象的体验，并通过多维角度确定现象的本质，从而发现"显现"出事物的本质。

"现象"的本意是对经验或意识结构的研究。从字面上看，现象学是对"现象"的研究：事物的外观，或事物在体验中出现的方式，或体验事物的方式。每一次有意识的经历都具有独特的现象特征，现象学重点的"现象"被认为具有丰富的生活经验，明确地研究了"现象领域"，囊括了经验中提出的所有内容。可以说，每种类型的意识体验都有其独特的现象特征，有意识体验的内容通常带有社会和文化背景意义的范围，在体验中很大程度上是隐性而非显性的。

马丁·海德格尔（Martin Heidegger）认为对客观世界的认识不仅仅停留在参与、感知、回忆和思考及主体的关注上，还应该关注个体与生活世界之间的关系（Laverty，2003），因为个人的现实总是受到生活世界的影响。认识是历史生活经历的形成，包括一个人的个人历史和成长文化，以及个人的经验。认知是不能脱离自己的生活世界的。个体对现象的有意识体验既与世界无关，也与个人的历史无关，而是要意识到个人受生活经历和生活世界的影响。因此，认知不仅仅是对现象的解释，而是必须超越对现象的描述，理解隐藏在表面意识之下的更深层次的人类体验，以及个体的生活世界。

2.3.2 社会学的认知研究视角

社会生活复杂多变，涉及群体、个体和语境等多种因素及关系，导致认知是受限和困难的，人不是一个抽象、纯粹的认知主体，而是一个特定的社会认知主体。没有社会条件，所有的认知都是不可能的，因此，认知的过程脱离不了社会条件。认知不仅能够获得大量的显性知识，在特定的个人或社会生活中还可以获得大量的隐性知识。隐性认知随着经验的积累和丰富，其复杂性和有用性也随之增加，在人与环境间互动中发挥的作用也随之增强。研究表明，这种隐性知识比通过正式学习获得的显性知识在特定情景中能够更高效、创造性地解决问题。

人对社会生活现象的认知和行为，在反应角度、内容、形式和程度方面都不同。因此，两种不同的社会生活现象产生两种不同的认识：一是清晰明确，通过充分的科学研究，形成较全面的感受和认识；二是模糊混沌，总体上还没有进行科学研究，感受和认知不充分（雷洪，1997）。基于法理学和经济学的视角，F.A·哈耶克（Friedrich A. Hayek）提出社会现实由"阐明的规则"和"未阐明的规则"两部分构成（姜奇平，2003）。"阐明的规则"是指充分阐释已经确立的行为规则和规则系统，遵循这些规则而形成的行动秩序。"未阐明的规则"是指社会群体在长期的生活实践中经由文化进化而沉淀下来的，并为人们所普遍接受的，如习惯、技巧、态度、经验和制度等实际上为人所遵守的规则，但无法或难以用文字和言语阐明的，是交往、互动基础非理性的因素，属于隐性知识的一种。

因而，隐性认知和显性认知都具有社会性，不能脱离社会条件单独讨论。隐性认知是个人或社会的无意识，在无法言说的规则下非理性的社会行为，同时回馈社会状态。由于社会隐性认知活动是社会、历史事件以及个人生活经验长期积累内隐的结果，从另一个侧面表明具有不同历史和社会背景的人具有不同的认识论，其认识范畴与形式、思维过程具有社会、历史和文化的特性。

2.3.3 心理学的认知研究视角

认知以客观世界与自我为认知对象，通过思想、经验和感官去客观地了解与把握认知对象的精神行动或过程（李云峰，2004）。认知是通过个体思维进行信息加工，形成概念、知觉、判断或想象等心理活动来获取知识的过程，以此成为解决问题的方式（斯腾伯格，2016）。认知的目的是努力客观地理解和把握物体的外部特征、内部本质和规律。人的认知活动还有另一种非理性、不易察觉且隐性的类型，无法清晰准确表达及广泛传播，以经验和感悟为主，这种隐性认知是所有知识的基础和内在本质，它与显性认知活动是分不开的。

格式塔心理学（Gestalt Psychology）的知觉论是隐性认知心理学的基础。格式塔心理学强调从事物的整体上认知事物，整体是不可分析为元素的，整体并不等于部分的总和，整体乃是先于部分而存在并制约着部分的性质和意义（杨清，2015）。人所感知的比所见的要多，每种经验现象的单个组成部分都与其他组成部分有关，每个组成部分都有其特征，因为它与其他组成部分具有联系。事物的整体并不是以单个要素的特性为特征，而局部则是整体的局部，整体和部分可以在一定条件下彼此转换。基于此理论，可以说：人有一种倾向，尽可能以最好的形式接受事物的感知。如果知觉场受到破坏，将立即形成一个新的感知场，从而继续以"完好形式"感知事物，完成知觉重组的过程。这种心理活动就是以心里"完好形式"投射到事物上，产生一种"完整性"。隐性认知恰恰强调的是从整体上了解事物，是一个知觉重组的过程，把不连贯的部分通过理解的方式完成对整体的领悟。隐性认知是隐藏在个人大脑中的经验和信念。隐性认知是一种非编码认知，难以表达，难以通过语言表述进行交流以及与人完全共享。因此，格式塔心理学是奠定隐性认知理论的主要基础。

从20世纪90年代开始，关于内隐的社会认知和心理控制的大量研究表明，知识的隐性化是个体的社会属性、价值观和需求的变换导致的。生活中的无意识动机广泛弥散于个人的社会认知中，并影响着个体的行为、判断和生活决策（李祚、张开荆，2007）。社会认知的内隐观点与许多理性选择模型截然不同，内隐社会认知是复杂的社会心理认知活动，是一种无意识的操作过程，不需要任何方面的努力，有别于传统的社会认知概念。尽管个人无法回忆起过去在社会认知过程中的某些经历，但这种经历会对个人的行为和判断产生潜在的影响，沉淀成为自我的个性化生活经验，并与现有的认知结果结合起来，通过潜移默化逐渐影响新的社会个体的认知加工（李祚、张开荆，2007）。

随着认知心理学研究的不断深入，社会的隐性认知已经延伸至隐性的态度、观念、惯习、意义和刻板印象等不同心理层面。隐性认识的发生、发展及其效应均难以用言语清晰准确表达，是一种自动的、无意识操作过程。

2.3.4 隐性与显性认知的特点

显性认知是理性及外在性的，是指可以准确、正式地表达的，具有标准化、系统化特征的认知。隐性认知是非理性及内在性的，是很难标准化的高度个性化的认知，如某些专业技能和生活经验。显性认知相对容易获得，可以编码和建立数据库。而隐性认知难以获取，主要是隐性向显性转化。

显性认知可以用言语来表述，而隐性认知则是已知的，但难以解释。显性认知是认识的"科学化"的结果，显示了人们的认知活动必须基于理论或普遍原则下的系统认识，因此，显性认知的真正实现取决于对其的理解。基于累积的非系统的经验认识是隐性的，隐性认知是在理解的基础上显性化，本质上是一种认识的理解力和领悟力。隐性认知在理论上优先于显性认知，并且在人认知的各个层面上都起着主导作用。

野中郁次郎认为，隐性认知主要隐藏在个体生活经验中，高度个性化，并与个人信仰、世界观和价值体系相关联，因此难以规范化且不容易传递给他人。隐性认知是主观经验或体会，使用结构概念来描述或表达认知并不容易。因此，每次技术转移不仅是理论、数据、公式等显性知识的转移，必须包括个体研究经验等隐性知识或意识的转移，并需双方经过大量的研究和测试才能实现。可见，显性与隐性知识是一体二面的，波兰尼在1959年出版的 *The Study of Man* 书中认为：

> 人类的知识有两种类型。通常被描述为知识的，即以书面文字、地图和数学公式加以表述的，只是一种类型的知识。而未被表述的知识，如我们在做某事的行动中所拥有知识，是另一种形式的知识。①

前者称为人们所理解的以语言符号所代表的显性知识，后者则难以用语言等明确形式表达，是以具体行动中所拥有关于某事物的隐性认知。格里门重新梳理"隐性知识"概念，认为隐性知识也是知识类型中的一种，可以通过动作、表情等方式被认知，并从知识隐性程度解释为四种不同的分类（Grimen，1991）。

（1）心照不宣的隐性知识

是在某些情形下是有意识地选择隐瞒，被刻意不予语言去表达或表达不足，是一种"意会""心照不宣"的微妙关系，有助于维持默契的行为现象。原因是出于个体谨慎的考虑或某些情况下不允许表达的规范，是对隐性知识最弱的解释。

（2）完好形式的隐性知识

当一个人进行开车或踢足球等活动时，其依赖于某种不能言

---

① *The Study of Man*（Polanyi，2014）

说的背景知识,这种未言说的背景知识是一种隐性知识。为顺利完成动作,行动者不可能将动作要点单独描述,因为其受情景制约。格里门认为这种受情景制约的隐性知识受到"整体大于局部的总和"理论的影响,因此,他将这种理解称为"格式塔式的隐性知识理论",是对隐性知识较弱的解释。

(3)个体经验的隐性知识

在日常生活中,每个个体都拥有一个庞大、复杂、松散、有点模糊的知识系统,且包含了大量事实上无法用语言表达的知识领域。维特根斯坦认为知识领域中包括并未被表达甚至思考过行动和思想固定的、理所当然的事物。因此,从认知的角度来看,个体都是认知的局域主义者,只能对局域进行反思性考察,不可能全局认识整个系统,换言之,在日常的行动和思想中,总有许多认知是隐性,甚至是无意识的。

(4)无法表述的隐性知识

人不可能用同一个视角同时表达整个知识体系,或者说仅仅依靠语言文字的描述是无法表达整个知识体系的。虽然存在着某些特别的知识类型是不能用语言来充分表达的,但在某种意义上它是默会的,可以通过范例和指导意见来学习及传递。

格里门对"隐性知识"的理解拓宽了认知的边界。虽然隐性知识无法用言语直接表达,但它能够以动作、表情、图像等非语言的方式被显示、习得、传递、积累和批评。

2.4 隐性和显性认知转换

隐性和显性认知是一体两面的辩证关系，相互依存而又对立，同时又紧密相关，两者之间有明显的区别，并且在特定条件下，两者会发生转换。隐性认知和显性认知不是绝对的，也不是彼此分离的独立部分。

2.4.1 隐性与显性认知的相互关系

就表达方式而言，显性认知是可以系统地表达的形式化和规范性知识，是以结构化形式呈现的客观而有形的认识，如语言、符号、文字等，并以理性而真实的形式表现，如物的外观、文字数据、理论模型、数据库和软件程序等形式；隐性认知是生活经验的积累，存在于个体的感知系统中，难以形式化和交流。因此，隐性认知是感性和高度个性化、非正式和非系统化的，难以直接清晰地表达，它通常以个人的生活经验、生活技能、价值观和个体无意识，以及社会转型、风俗习惯、组织文化和集体无意识等形式存在（戚灵岭，2018）。存在的形式差异决定了传播的难度，显性知识清晰而明确，易于掌握和传递；隐性知识是模糊的经验和个体的感悟，难以形式化，因而传播的范围和速度都受到制约。

就整体认知的比例而言，人类知识是由显性知识和隐性知识构成的，隐性知识是显性知识的基础。个体通过经验所获取的知识远远多于通过学习获取的知识，表明在认知过程和知识系统中，隐性认知的占比远远大于显性认知的占比。显性知识是海平面上显露出的冰山一角，而隐性知识是海平面下冰山的大部分。

就创新效用而言，隐性和显性认知在研究和创新领域中扮演着不同的角色，不仅需要系统性的感知、描述、判断、推理等科学方法，更需要非系统性的直觉、灵感、想象甚至经验等感性认识。科学研究和设计创新都需要显性认知的严谨、理性、逻辑推理，也需要隐性认识引导的创意解决问题的思路和灵感。

由此可见，显性知识与隐性知识有着明显的区别（表2-2）。显性知识是严谨而理性的共识，是推动社会系统规范运作的关键；隐性知识比显性认知更难以发现和表达，但未经系统化的隐性认知更具有创新价值，所以，隐性知识转换为显性知识是个体与组织创新的关键。

显性知识源于隐性知识。显性认知的应用和理解取决于隐性认知，个体主动认知和构造

表 2-2　隐性与显性认知的比较

	隐性认知	显性认知
认识	无意识、感性、内在性	意识、理性、外在性
概念形成	关系、风俗、习惯、文化、地位、质量、经验、态度、印象、观念、感悟、意义和价值观等	文字、语言、图像、形态、文件、数据库、公式和计算机程序等系统形式
形成过程	个人的、情境的、难以进行正式的沟通和交流	系统的方法表达得正式而规范，客观有形
结构形式	非结构化、非正式	结构化、正式
获取方式	难以获取，无意识地非主动习得	较易获取，有意识地主动习得
存储方式	人的觉察系统	语言文字等结构化的形式
转化模式	模拟、假设和比喻等显性化方法	推理、编码、数据库
传递范围	范围非常有限	范围大，较为方便快捷地传递和共享
价值	智力资本、无形资产、个性化，创新原动力	社会系统、共享知识
重要运用	对新型问题提供创新型的个性化解决措施	结构化较强的流水线型工作

数据源：笔者整理

世界的意识的意向性投射于外部事物，决定了知识及技术的活动，通过投射和构建，个体的经验和想象改造并重新组织的隐性认知才能显现出来，隐性认知是直接来源于生活、个体经验的独特表现，是显性认知的默认基础，隐性认知在理论上优先于显性认知。因此，认知意向成功转化为抽象化和现实化的显性知识过程，成为作出创新决策和提高使用价值的关键环节；以生活和经验积累的隐性认知是知识创新、技术发展、生活改善和社会转型的源泉。另一方面，如果一项技能或知识的隐性度高且显性转化难度大，则其传播方式和范围受限，使用率较低，该技能或知识就会消失在现实社会中。反之，个人的隐性认知通过某种方式转换为社会显性认知的一部分，那么它将被社会共同学习并以理性的方式储存及广泛地传播。同时，在显性和隐性认知转换过程中，个体经验和专业技能获得进一步积累及升华，也就是社会共有知识转化为个人知识，是显性认知内化为隐性认知的过程。

　　隐性认知具有深层文化特征。社会文化是为社会所有成员公认的各种行为规范，并作为公理传承给社会新成员的一套价值观念、宗教信仰、道德规范、审美观念、风俗习惯和思维方式，它代表了社会中不成文的、可感知的约定俗成部分。社会文化表面上是社会成员之间交往、行为、审美的表征、状态等可观测行为与可见现象。外显的交流常常是一些外在、明文的社会规范，这些可见的表象折射出存于社会成员思想中的文化的深层结构，这些隐性的文化深层结构制约着社会的行为规范、道德标准。隐性认知与人们在某种文化传统中共享的概念、符号和知识体系密不可分，根深蒂固于社会和文化传统的"潜意识"，是支配人实际行为的重要因素，只有通过生活实践，才能掌握这种隐性知识存在的真正规则。从这个意义上说，隐性认知的文化本质也可以理解为隐性知识的实用性。

隐性认知的显性化过程是创新过程。隐性认知主要存在于个人的知识和技能中，并且经常随着某些事物的发展而显露出来，主要是一种主观知识结构，难以识别和编码。隐性认知的显化应该说是意识社会化的过程，是从无形到有形的转变过程，是创新行为的发展过程，是从一种感性知识到另一种理性知识的获取过程。当其转换为显性认知时，它会加速知识和信息的流动，有利于知识的共享和交换。隐性认知的显性化导致个人知识向社会共有认知转变，个人经验已经转移到各个层面，成为每个人都能学习的显性知识。在创新的过程中，新的创新难以在现有的显性知识上直接获取。传统创新的对象主要是显性知识，对象主要是可见、易观察的，相对理性的事物实体，如可以对其进行改变和重构的商品外观、产品性能、视觉系统、营销渠道和品牌形象等的资源（刘征宏，2016）。这是理性认知推演出的解决问题方法，是原有知识和技术的继续深化，是原方式的技术优化和迭代，并不是真正意义的突破和革新。隐性认知的不确定性和模糊性，其难以表达和难以科学理性的准确判断，无法大规模应用，导致隐性和显性相互转换方法的研究长期被忽视，被拒于创新之外。

对于设计师能力而言，人类的设计活动从开始就建立在个体的技巧实践之上，隐含在日常工作和生活过程中，一个成功的设计师通过长期的实践，以达到"心灵手巧、意会整合"境界，形成专属的设计技巧和直觉，必须将学校、书籍传授的设计理论、分析方法、绘图技巧等显性知识实践和融会贯通，使之内化为自己的设计能力中不可分割的一部分，实现设计创新能力的螺旋上升（罗怡静，2009）。隐性的个体经验转化为显性的社会知识有助于知识创新和传播新知识,提升社会创新能力,并通过其应用于解决问题而获取新的价值。反之,显性的知识通过学习成为个体技能,有助于个体能力的提升和自我价值的实现。

2.4.2 隐性与显性认知的转换路径

波兰尼认为,"理解"是所有认知活动不可或缺的,是人认识主体和客体的默会能力,是认知行动的核心能力。未被理解的事物在意识中无法成型,因此不能说是已被认知了。理解的过程就是将弥散、隐蔽的各部分融合为一个综合的整体,使其结构清楚地展现在认识行动中,简而言之,理解的过程是隐性知识的显示过程。理解力可以被定义为:了解并重组经验,以实现对它的理性控制的能力。显性和隐性认知不应孤立看待,它们是相互作用的。尽管隐性认知的效果有时要优于显性认知,但这并不意味着显性认知在获取复杂知识的过程中并不重要。现实中,显性和隐性认知的转换过程是获取复杂知识的关键,在此转换过程中存在一个中介协调,有时使无意识的、内隐的认知更为重要,有时使有意识的、显性的认知更为重要(李祎、张开荆,2007)。显性知识以离散粒子的形式存于意识活动中,以粒子为节点编织知识网,而隐性知识以模糊的状态弥漫在意识活动中,融合各层次的知识。显性知识和隐性知识不仅是彼此的先决条件,还是在一定条件下彼此的转换。

在对本田、佳能、三得利等成功的日本企业进行长期深入研究后,野中郁次郎和竹内弘高在《知识创新型企业》中提出,知识创新 SECI 模型理论也是显性知识和隐性知识转换的四个阶段。(野中郁次郎、竹内弘高,2006)(表 2-3)隐性与显性转换的这四个阶段是不断循环、连接和发展的,目的是将知识从个体本体论层面扩展到整体社会层面,同时促进其他个体新知识的产生,这种螺旋形的知识转化互动过程是知识创造的过程。

乔治·冯·克罗格(Georg Von Krogh)指出:隐性知识价值的辨识和隐性知识显现所使用的方法是知识创新机构面临的最严峻挑战(Von Krogh, Ichijo, Nonaka, 2000)。隐性知识和显性知识转换可以理解为在主体间交往中,个体经验社会化与社会知识个体化的过程,是无形的经验与有形的知识的转换过程,是理性与直觉、灵感和想象碰撞的结果。此外,冯·克罗格研究了隐性知识显化的策略及知识创新的流程,提出了五项策略来促进隐性知识的显性

表 2-3　隐性知识和显性知识相互转换的四个阶段

方式		转换内容
社会化 Socialization	从隐性知识到隐性知识	社会化就是分享隐性知识的过程。过程中强调的是不依赖语言和文字传授等形式化的学习，主要是通过观察、模仿和亲身实践等形式使隐性知识得以薪火相传。师传徒授的学徒制就是个人间分享隐性知识的典型传统形式，是知识传递的最基本、最原始的方式
外部化 Externalization	从隐性知识到显性知识	外部化是将隐性知识理性化、规则化的描述，并将其转译为可理解形式的传播过程。这是对隐性知识的显性描述，将其转化为容易理解的形式，外化就是将意会、言语不能表达的隐性知识转化为文字、符号、声音、图像等显性形式。这个转化所利用的方式有模拟、隐喻和假设、倾听、深度会谈等
融合化 Combination	从显性知识到显性知识	分散的显性知识通过系统进行逻辑化、规则化，形成知识扩散的过程。运用专业语言、公式和数据库等形式整合这些零碎的知识，使个人知识成为社会知识，得以在社会体系中轻松地相互学习、共享，创造新的社会价值
内部化 Internalization	从显性知识到隐性知识	内部化是将显性知识通过明确的过程，从而易于传递并内部化成社会中个体的隐性知识。这意味着，社会的显性知识转化为社会中个体的隐性知识，知识在社会个体之间相互共享。同时，个体在生活中学习、使用这些新的知识后，创建属于自己的新的隐性知识，从而完成了从显性知识到隐性知识的转换

数据源：笔者整理

化："共享隐性知识—创建新概念—验证新的概念—建立基本模型—显现和传播知识。"

2.4.3 数字技术加速认知的转换

人类一直生存在人造物与自然物混杂的环境中，在认识世界的过程中不断创造生产各类人造物，人造物在诞生之初就承载着人的认知观念，因此人造物不单纯是征服自然的工具，而是认识的外延，构建影响人类经验和存在的动力系统（许煜，2018）。由于人造物不断朝着更具体的方向发展，生存环境也随之改变。19世纪末20世纪初量子力学的出现使认知论再次发生了改变：认为事物存在于不同的现实层级，以前以颜色、形状、质地等内容观察物体，如今转变为凭借科技系统以数字描述事物，依据参数与算法成为数字物，并由协议与标准联结的多重网络构成数字环境。计算机发明后，可以将所有运作还原为"1"与"0"的二进制，甚至可以进一步还原为电子与原子的活动，遵循数字化的逻辑，几乎所有东西都可以用数字格式来表示。数字技术将物理环境下的事物转换为计算机可读的数字格式过程，是通过生成一系列图像、声音、文件或信号的数字形式来描述事物的，这些数字描述了离散的点或样本集，因此，离散化成为数字化转换的关键，这意味着将模拟资源转换为可在计算机中使用的数字形式。广义上来说，数字化是指将信息转换成数字格式的过程，将事物或者信号转换为一系列由数字表达的点或者样本的分离表现形式，其结果被称作数字文件（数字图像、数字声音等）。严格来说，任何把模拟源转换为任何类型的数字格式的过程都必须经过离散化过程。离散的目标是把连续性问题转化成能够单独处理的离散性问题，将连续性问题不断分解为独立的单体，使无法表达、解释不清的隐性认知转变为一个个微小的易于分析、结构明了的显性认知。

数字化的形式主要有两种：第一种，数字的物化——是映像或模仿的系统（例如数字影像、数字视讯等的产生，它们在整个物理世界中可见地重复分布）；第二种，物的数字化——通过将卷标附加到对象上并将它们编码到数码环境中产生（借助于这一数字延伸，该对象获得具有唯一的代码和/或一组参考的识别码）。结构化的元数据为计算机程序提供了物的概念，元数据是"关于数据的数据"。原本的物在数字的参与下被形式化为数据，然后被计算机识别为对象，通过给予元数据的结构来理解对象的语义含义。从物到数据，再从数据到物的双向转换，展现了物转换的新形式。将物看作一个微粒集合、一个实现目标任务的系统，就会对技术的发展、人的行为心理和事件的场景做分析。数字技术的出现，使以离散和抽象思维重新思考这三者的定义和关联得以实现，将单个的物转变为物的系统，从物的逻辑转变为行为的逻辑，从三维思维跳跃到四维考虑，使物的边界拓展及定义界定成为可能。

人们通过概念掌握对客观世界的理解，概念是对客观世界事物的抽象，是将人们对世界的认知联系在一起的纽带。Google 于 2012 年提出知识图谱[①]，以数字结构的形式描述客观世界中的概念、实体及其关系，以此构建一个数字世界。知识图谱是本体知识表示的一个大规模应用，主要描述客观存在的实体和本体间关系，每个概念都有确定描述的属性集合。实体

---

① 知识图谱（Knowledge Graph），通过数据挖掘、信息处理、知识计量和图形绘制而显示出来，揭示知识领域的动态发展规律。

是客观世界中的真实事物，本体是对具有相同属性事物的概括和抽象，是事物性概念和事件类概念，是知识图谱的知识表示基础。在事物被知识表示结构的过程中，以离散和抽象思维对其进行高度解析，通过量化工具、传感器等数字科技，将原本连续的事物分解及类化成一个个最基本的微粒，在原来认知尺度的基础上提升到前所未有的细微精准程度，将粗略大概的精细化，将模糊不清的清晰化，将没发现的显性化，将没有规则的规律化，将没有预见的可视化（微粒社会）。这个过程是重新定义的过程，即将原来的物体系以数字化的认知解构，转换为数字格式或任何其他数字系统，可以替代使用，更轻松地共享和访问，并且理论上无限传播。实体的物在此过程被数字化了，数字技术将人类对世界的认知转换为数字化认知。

数字化认知就是将对现实生活的理解转化为以 0 和 1 为代码的数字理解，并不是取代原本的认知，而是作为新的认知观补充、增强或改变特定社会群体的整体认知能力，更能有助于人的认知充分发挥，将不确定因素以数字技术力图转为确定因素。由此可见，数字化认知形成的过程推动认知的精确化，打破主观性和常规的认知方式，为商业模式、生活方式和社会形态的变革提供认知的前瞻。数字化认知不仅仅是认知从感性到理性、从无形到有形的转变过程，还可以对事物赋予情感、创造价值和感知意义。

2.4.4 隐性与显性的转换拓展设计对象

在数字技术赋能下，人对世界的认知越来越精细，以往未察觉、未关注的事物在数字化认知的解析下，以数据的形式显现，成为新的设计对象。现代心理学的研究成果表明，人是在实践、实验已有知识的基础上，利用技术的系统化实现认识从感性到理性的转换，实现认知边界的拓展和知识的创新，符合现代认知发展理论。在知识创新的过程中未经系统化的隐性认知更具有创新价值，隐性知识的挖掘和显性化是个体与组织创新的关键（王德禄，1999）。野中郁次郎和竹内弘高指出，个体和社会的新知识在隐性和显性认知相互转换过程中产生，通过模拟、象征、规范和共享等有效方式实现知识的扩散和内化（野中郁次郎、竹内弘高，2006），隐性与显性认知转换过程是创新的路径。

由于科学技术的不断革新和进化，人对数字技术改变物的认知随之朝着体验化、多元化和具体化的方向发展，人造物演变出数字形式的物。就如当下电话的相互问候也愈发减少，更多的是不同形式更具体验化的微信问候；个人和家庭的晚餐也不再是自己动手，美团和大众点评等互联网送餐平台给予了更丰富、更多元化的选择；共享单车、共享充电宝和共享雨伞等各类数字物的出现，将使用价值具体化创新了商业模式。在数字化认知下，这些新的人造物不再以实体的形式呈现，成为可分享、可操控的数字社会下的新物种。

数字物，即数据和连接，就技术认知而言，数据就是 0 和 1，连接就是网络，一切都是物理现象。在胡塞尔的现象学认知理论中，数据和连接是一个显现的虚拟现象，但其本质是可以被控制，能够被定义、生产和消费，并产生价值的对象，因此可以认定数字物是物质的另一种存在形式，能够作为"物"来处置。原来的物在数字的参与下被形式化为数据，被计算机识别为对象后，再从数据转变为新的物，显示了认知对于数字物的新形式。数字量化的出现与大数据挖掘的普及，使得事物的关系、情感等感性意识能够被度量，物由功能实体发展到承载关系、情绪、价值和文化的数字系统，因此数字物不仅限于数据、网络，应该还包括情感、环境和社会关系，构成一种新型的工业产物。数字物是工业物的新形式，需要重新思考物的内在含义，因为它不再完全指代感官与理性数据。反之，应该认识到这是一种物质形式的转换，并且考虑这种物质性如何构成一种新的"所予"形式。

进入数字社会，万物互联互通，认知精度提升，为事物的认识带来一个全新的角度，人与物之间的关系更加社会化，同时事物之间也形成了数字化的关系，事物成了能够盛放这些关系的容器。设计不再以物质形式为主体，更注重事物发展的逻辑，注重关系的拓展、后续意义赋予，从要求设计从物的形态，延伸至关系，强调价值的意义（吴雪松，2017）。

数字物的出现与具体化，尽管一方面数字物加速瓦解西方形而上学的"实体崇拜"，但另一方面，数字物的具体化带来了由已形成的关系构成的技术系统，在此之中任何事物都有与其他事物连接的可能（张黎，2019）。关系网络的扩展使设计对象的内涵扩充和升华，设计范畴亦随之扩展，从物的使用价值发展到交换价值和符号价值，再到关系的价值。因此，设计也从单一的功能开始，进展到相互连接，设计的对象扩展成为一个事件、一个商业模式或一种生活方式。

本章小结

隐性认知以无形、非结构化的方式存在，在亲身经历的实践中获得，隐性知识的辐射范围、传播速度越受限，在与显性相互转化后产生的价值也越大。隐性和显性认知相互转化将设计对象的边界从显性内容扩展到人和人、人和社会关系之间，以及人和数据之间的隐性内容，是人本主义思想在设计中的真实体现。因此，设计创新不仅仅是发现问题和解决问题的过程，还应包括认知的理解不断升华的过程、从感性到理性再到感性的不断转换过程、从个体到社会再到个体的螺旋上升过程、从无形到有形的过程，更是一个重新认知生活、社会过程。数字技术促进显性与隐性认知的相互转化，使设计从对物的理解延伸至数字连接的思考，包括新技术的应用、事物新功能的创新及创新意识的具体体现，更重要的是对社会关系、文化关系的连接及对生活意义的阐释。因此，从认知转换和设计创新的角度思考：该如何构建一种设计范式以面对数字技术带来的设计认知和设计创新的变化？

第三章 生活方式作为对象的研究

3.1 生活方式作为社会学研究对象

3.1.1 生活方式概念

《韦伯斯特词典》对生活方式（LifeStyle）的解释：生活方式是个人、群体或文化的兴趣、观点、行为和价值取向。生活方式是一种建立自我意识，并创造出与个人身份产生共鸣的文化象征的手段，是一种锻炼自我意识和创造与个人身份共鸣的文化符号的手段（Cherry，2015），生活方式是人有意或无意间的行为选择。

"生活方式"在 1927 年由阿尔弗雷德·阿德勒（Alfred Adler）第一次提出，他认为"生活方式是个人认知于一定的社会、文化空间下所显现的外在形态"（Mosak，Maniacci，2013）。生活方式作为一种"生活的方法或风格"的广泛意义已被讨论。海德格尔认为，深刻的见解是从经验中获得的，真正的意义是在日常生活中挖掘的，需要研究日常生活中的具体现象。

由于跨学科研究的不断深入和社会发展的未知因素，学界普遍认为生活方式是一个研究领域宽泛、结构复杂的概念，成为哲学、社会学、心理学、消费管理及设计领域的研究热点，但对生活方式的结构、传统、文化和类型尚无明确统一的认识（符明秋，2012；王雅林，1999）。从学术史来看，真正系统、科学研究生活方式是从 19 世纪社会学的发展开始，即马克思主义开始有关生活方式的论述（符明秋，2012；高丙中，1998；马姝、夏建中，2004；王雅林，2004）。直到 20 世纪 30 年代，日常生活的具体实践逻辑研究才对生活方式研究有了全面的展开，以现象社会学、符号互动论和常人方法学的诞生和发展为标志，由哈贝马斯、吉登斯、布迪厄、列斐伏尔等当代学者以实践理论推动日常生活转向趋于成熟，开展了日常生活的本体性研究及方法论意义的构建。

自社会学诞生以来，就一直存有两个方向的研究（Sztompka，2005）：一是关注社会的整体（结构、传统、文化等），前期研究者如孔德、斯宾塞和马克思等，研究社会有机体、社会系统的性质、运行规则，认为国家、社会、制度、习俗等是独立存在的社会宏观现象，社会整体决定人们的行为，不能被简化为个体行动者的行动准则（隋嘉滨，2019）；二是关注社会的个体活动，前期研究者如韦伯、帕累托和米德等，研究社会成员、个体的理性行为，个体间的互动，在独处或集体中的行动差别（栾广君，2016），强调社会的宏观现象是由个体行为汇聚集合而成的，个体的行动基于其理性和独立的自我，因此社会的性质和属性取决于个体行动的结果。

以上研究分别从整体和个体两个截然不同的视角介入，都具有一定的社会现象解释力，反映了对社会本质、本源研究的分歧。在社会学研究过程中，它们分别代表了整体主义与建构主义两种理论和概念，这两个视角引导了生活方式的研究，产生了两种研究方向：对群体、小区和社会的建构、形塑、改变研究的生活方式；对个体行动和情感、传统、规范的，特别是作为文化因素研究的生活方式。

胡塞尔在《欧洲科学危机和超验现象学》一书中指出，19世纪的欧洲正经历一场"人性的危机和科学的危机"（埃德蒙德·胡塞尔，2005）。胡塞尔认为，现象学必须克服客观主义和先验主观主义的分裂，从而帮助人按照理性的要求生活，必须通过现象学再次发现自己，即"生活世界（Lifeworld）"（埃德蒙德·胡塞尔，2005）。

> 最为重要的值得重视的世界，是早在伽利略那里就以数学的方式构成的理念存有的世界，开始偷偷摸摸地取代了作为唯一实在的，通过直觉实际地被给予的、被经验到的世界，即我们的日常生活世界。①

在胡塞尔看来，"生活世界"是不言而喻的或给定的世界，是所有认识论研究的基础，先于科学而存在，是唯一实在的，科学世界和纯粹意识世界都以"生活世界"作为前提。胡塞尔对生活世界的阐释对后来的日常生活研究提供了起点，如阿尔弗雷德·舒茨（Alfred Schütz）的现象学社会学，结合社会学、意识形态、意义和生命现象进行综合研究；于尔根·哈贝马斯（Jürgen Habermas）以交往行为理论进一步发展了生活世界的概念。为了使日常生活成为研究主题，胡塞尔提供了两种根本的认识方式（埃德蒙德·胡塞尔，2002）。

---

① 《**生活世界现象学**》（埃德蒙德·胡塞尔，2005）

（1）现象还原。中止自己的态度、信念和假设，以便专注于对现象的体验并确定现象的本质的过程。搁置对过去现象的了解和假设，必须放弃先前的理解，包括数据源、科学理论、知识、解释、主张，以及个人观点和经验。

（2）本质直观。胡塞尔认为事物的本质寓于各种现象中，本质直观是直观到事物的本质和范畴，作为普遍和一般的事物的本质观念直接被"看到"。在直观的"看"中，由于抽象而获得了概念或观念，把对象理解为整体，把它的部分理解为部分，将部分作为整体的一个部分来意向，并在这个判断中表达出来。

海德格尔在《存在与时间》中分析了日常生活的两个方面（马丁·海德格尔，2014）：一个是日常存在的"寓世存在"，这种存在的"本质"在于它的生存。个人在世界上的意义是通过生活世界来体现的，所有生活经验和生活意义都来自个人的生活世界，只能通过该背景来解释、理解隐藏在表面意识之下更深层次的人类体验，这是一个解释过程，涉及多个分析活动的相互作用；另一个是作为"常人"的共存，常人的基本生存状态就是平均状态，可以理解社会群体的中间值，但它不属于任何人，任何不一样的人都会以"常人"作为参照，作为日常共存的存在主要以"常人"方式支配他人自身的存在和日常生活。

3.1.2 生活方式研究范式的演变

在《科学革命的结构》中，托马斯·库恩使用了"范式"（Paradigm）这一概念，用于定义研究的内容、提出的问题、质疑的内容及应遵循的规则，"它指的是一个共同体成员所共享的信仰、价值、技术等的集合"（托马斯·库恩，2003）。范式是存在于某一科学领域内关于研究对象的基本意向，是科学领域中被广泛认可的单位，可以将研究中存在的不同范例、理论、方法和工具等定义、归纳和互连起来（乔治·瑞泽尔，2005）。乔治·瑞泽尔将社会学中各种流行的理论，依据主题意象、范例、理论和方法上的各自不同，明确划分为三种不同范式：社会事实范式、社会释义范式和社会行为范式（乔治·瑞泽尔，1975）。三种分类范式既与社会学研究现实相仿，又与理论研究认识一致，逐渐在社会学界较大范围内达成共识。

3.1.2.1 社会事实范式的生活方式

社会事实范式主要是研究社会秩序和社会转变的普遍法则，受实证主义和理性主义的影响，借鉴自然科学的理论和方法，以科学分析范式从事社会科学研究。此范式是社会学研究生活问题的开始，也一直是社会学的研究主流。

在科学发展和社会变革的双重推动下，随着阶级的更迭和经济的发展，西方社会很快完成了从手工产品到机械产品的转变，人类体验的新时代开始了，生产力的提高创造了比工业化前更高的生活水平，同时也颠覆了旧的社会关系和社会秩序。这些变化促成了城市的出现，导致社会结构变化，宗教信仰、个人价值观和社会价值观改变，同时也带来一系列新的社会层面和精神层面消极和负面的问题。使得人们希望恢复社会秩序、重建社会，社会学正是在这样的背景下应运而生的（周晓虹，2009）。研究主要集中于规范、秩序和理性等社会本源的概念发展社会学理论。"生活方式"仅是作为研究过程中阶级表征偶尔出现，是一种边缘化处境（周晓虹，2002）。早期的社会学的研究中，更注重整体宏观的研究，形成对国家形态、权力关系、社会分层、法律制度等的研究热点，以至于日常生活、生活方式、行为互动等的微观研究处于被埋没和隐匿的地位，得不到足够重视，显示不出重要的社会价值和意义。

19世纪中期，马克思（Marx）和恩格斯（Engels）在《德意志意识形态》一书中最早以科学研究角度提出生活方式的概念，随后在《路易·波拿巴的雾月十八日》《〈政治经济学批判〉序言》等多部著述中多次提及生活方式（高丙中，1998），认为生活方式主要通过衣、食、住、行等基本物质需求得以体现，并以此广泛考察和探讨西方社会的存在形式，工人阶级的工作、生活状况。通过生活条件、收入状况、消费水平和文化水平等现象的综合比较，阶级之间的差异就表露无遗。此时期，生活方式被作为阶级差异的社会现象反映及社会地位高低的标签。

早期社会事实范式认为：生产方式是指获取社会生活必需的物质资料的方法，物质的生产方式制约着整个社会生活，构成生产过程中人与自然、人与人、人与社会之间关系的系统（张卓元，1998）。生产方式和生活方式两者之间存有因果关系，生产方式决定生活方式，而生活方式影响生产方式（高丙中，1998），生活方式则反映社会关系和生产方式，这互为表征的特点为以后生活方式深入研究提供了基本思路。

涂尔干（Émile Durkheim）认为，"个人是无法与整个社会相抗衡，且社会是漠视个人的力量的"（涂尔干，2013）。个人是社会的一部分，社会结构和社会规范的本体性至高无上，个人行动服从社会。塔尔科特·帕森斯（Talcott Parsons）在《社会行动的结构》中认为个体只要遵循社会规范和标准开展行动，整个社会系统就会完美统一、相互协调，并持续、稳定、有序地发挥功能（塔尔科特·帕森斯，2012）。规范和标准是行动的逻辑出发点，行动的合情合理在于符合社会系统稳定和统一。因而，社会行动不仅仅是个体受刺激产生的条件性反射过程，还应受到社会规范性等因素的制约。帕森斯强调规范秩序的社会意义，以宏观的角度研究社会系统，社会的规范和秩序是日常生活以及作为日常实践的个体行为习惯的准则，将生活放在社会学研究的边缘。

乔纳森·H·特纳（Jonathan H.Turner）在《社会学理论的结构》中归纳了社会学事实范式对日常生活研究的主要思想（乔纳森·H.特纳，2006），认为社会生活是个体生存的必需和必要条件，是相互关联部分组成的系统，社会生活应该倾向系统均衡和趋衡点。事实上，这个时期对日常生活的社会学研究目的是不明确的，逻辑分析模糊，研究方法和思维方式都停留在形而上学的哲学上，并没有开始系统化、理性化地对生活进行研究。由于过于强调研究社会进化、社会系统、社会结构，日常生活的个体命题一直受到压抑和排挤，日常生活只是一种纯粹的抽象。

3.1.2.2 社会释义范式的生活方式

社会释义范式强调有意义的社会行为建构了社会现实，赋予个人行动的主观意义，通过有意识的主体参与社会互动，并对自我行动进行理解（周晓虹，2002）。这个范式认为个人和社会的互动产生在意义范围内，因此理解人在社会现实中行动的意识动机和行动方式，以及这种意义对个体和社会现实的影响，以此探讨人在现实社会中的进一步行动。

马克斯·韦伯（Max Weber）将人的社会行为作为社会学的研究对象，其研究方式是理解社会行动的意义及影响，并总结了社会行为的四种类型，认为社会的行为应该根据个体或者群体在意识和意向上关联着别人的举止,并且在行为的过程中形成社会影响力(韦伯,1978)。可见,行为是对于目的理性的解释,指由对外部事物处境的期望和他人的行为所决定的行为,并以此期望为条件来获得合理的行为结果,是以行动者精心计算来实现短期自利目标的方式。

韦伯在《阶级、地位与权力》中认为社会地位高低是关联他人的态度,获得他人的尊重是个体社会行为的期望,首次对"生活方式"概念进行了目的理性行为的探讨,并阐明了社会地位与生活方式的关系(韦伯,1978)。由于生活方式是个体社会行为的集中表现,如何合理提高自身的社会地位和考虑的行为结果成为生活的目的和意义,这决定了生活行为。因此,可以用生活方式对特定群体具体描述的表现来理解社会地位,简而言之,生活方式的高低现状能够解释社会群体的社会构成,特定的生活方式标志着不同的地位。

托斯丹·邦德·凡勃伦(Thorstein B Veblen)在《有闲阶级论》一书中从社会状态衍化的角度探讨生活方式,并深入系统地论述了有闲阶级及其相关的社会心理现象的学理价值(凡勃伦,2012)。凡勃伦认为有闲阶级产生于野蛮文化阶段,伴随着私有制的产生而产生,休闲即免于劳役,它是拥有财富和社会地位的明证,人们开始以财富为判断标准,通过展示金钱力量来彰显自己的身份与地位,以充裕闲暇的时间、奢华无度的消费炫耀身份的尊荣,以此确立层级有别、尊卑有序的社会地位。由此延伸出一种生活方式,涉及使用的物品、消费的方式、生活的态度、审美的标准、精神的特质等,是有闲阶级证明其身份的生活方式。凡勃伦《有闲阶级论》的学理价值在于阐述日常生活对于阶级和社会地位的认识价值和解释力,建立两者之间的描述关系,解释特定的生活方式与特定的社会阶级的相关性(高丙中,1998)。

凡勃伦以心理学为理论基础,从消费行为的角度来分析社会行为,将社会上那些人们所熟悉的现象置入日常生活中。以闲暇的生活状态、炫耀性消费构成有闲阶级的尊荣的生活方式,开始了生活方式被当作体现阶级地位和身份表征的研究(凡勃伦,2012),强调中下阶层的攀比性以及由此对上层阶级的模仿,最终形成了社会流行的生活方式。

韦伯和凡勃伦是真正意义上开启生活方式的哲学和社会学研究的学者,虽然生活方式还是社会学的一个从属概念，但作为观察社会阶层变化的生活现象，其重要价值是为后续的研究指明两个方向：①社会地位、群体差异与生活方式的关系；②将生活方式转化为消费方式来研究。真实的日常生活由系列流动连续及复杂多变的事件构成，生活方式的研究成为衡量日常生活的尺度。

齐美尔（Simmel）从时尚的角度来解释日常生活的变迁和社会的分化，认为社会不是静止状态，而是一个变换的过程，是个体意识之间相互作用的过程，构成现实社会的是人与人之间的互动（齐美尔，2000）。齐美尔认为时尚作为工具能够把个体聚合成不同的阶层，时尚既可以满足群体归属感，又可以满足身份认同的需求。时尚也是一个区分社会阶层的现象，时尚是对既定模式的模仿，在满足人们对群体的归属感并获得普遍性的同时，它也表现出个体差异和特殊性。时尚是将社会一致性与个性差异化动机相结合的一种社会形式（齐美尔，2001）。

齐美尔认为社会上层精英为了凸显自身的尊荣，创造了一种"独特风格"的生活方式以区分较低的阶层，拉开彼此的距离，而这种"独特风格"就是时尚，但时尚并不被较低的社会阶层所拥有；而较低的社会阶层为了要提高社会地位，对"独特风格"的生活方式进行模仿，借此提高社会地位（孙沛东，2008）。时尚成为个体追逐更高社会地位的工具，同时，促使对时尚的解读成为消费社会的设计创新的理论指导。

乔治·H·米德（George H. Mead）以心理学研究人的行为来解释个体与社会的关系，人类的社会生活是社会成员合作行为的集合，是成员间互动而形成（唐月芬，2003）。在这个社会生活中，参与者使用符号为他们和他人的行为赋予意义，并将社会的组成视为个人之间互动的构成，以便在思想和自我的行动过程中改变和重组社会（王志琳，2003）。米德开启了社会心理学的研究，以意识来解释行为，认为个体内心存有某种隐藏性的意识活动，是个人在生活世界里不停活动的动因，以意识驱动的社会行为。

米德（2005）认为自我生成于社会化的互动的过程中，个体构成的社会强调自我意识的积极反应并促进自我发展，同时强调社会环境对个体心灵、自我以及思维活动的塑造和指引，这是一个由外到内不断发展的过程（李美辉，2005）。个体从模仿到接受，到社会认同，是个体个性生成的过程，即人的社会化。个体作为社会实体，本质上是一种社会存在，是社会系统和社会过程的组成部分，通过社会关系和连续互动过程而存在。另一方面，个体自我是身体、思想、行为和环境的有机统一（李美辉，2005）。

综上所述，以韦伯、凡勃伦、齐美尔和米德等学者为代表的人文主义社会学研究者强调日常生活是社会事实的释义，是一个被观察和分析的对象；更加重视日常生活以及个体行为的意义研究；注重生活中个体与群体间交往互动和意识动机的分析研究。他们以此开展了以社会学、心理学及消费领域对生活方式的研究，促进了许多理论流派的诞生和发展，继续从不同角度、方式开启新一轮生活方式的研究。日常生活和社会转型研究理论体系构建日渐完善，为之后的微观生活方式研究奠定了理论基础，同时，为市场细分、设计创新等领域中引入生活方式概念做好了理论准备（周光、余明阳、许桂苹、赵袁军，2018）。

3.1.2.3 社会行为范式的生活方式

社会行为范式研究是以实证主义解释人类行为的系统方法，采用客观科学的方法，研究对象是可观察的客观行为。实证主义崇尚"客观的"研究，主张把一切知识建立在实验、调查、统计等技术和手段的基础上，遵循科学的原则和逻辑（周晓虹，2002）。社会行为范式根据这一原则，认为行为就是一种可以从外部观察有机体反应的活动，由于人和动物对外界环境反应都同属于有机体行为的共同要素，于是把人的行为活动简化为刺激－反应的行为模式（车文博，2010）。行为主义者力图从行为本身出发，主张摒弃内省法而采用客观的实验方法，即以实验研究行为，进而得出可以解释心理学现象的普适机制。

斯金纳（Skinner）强调行为的科学研究必须在自然科学的范围内进行，主张放弃研究意识和内省，以行为为研究对象，以客观方法为研究方法，客观地观察和衡量外显的行为，进而得出可以解释心理学现象的普适机制。在行为和环境的因果关系中，反应、刺激和强化是顺序发生的基本的偶合（车文博，2010）。阿尔伯特·班杜拉（Albert Bandura）认为通过统计分析多个行为的反应可以知道行为的整体，因为人的社会行为是通过观察他人行为，然后学习模仿形成的，有着共同的特征。同时，班杜拉认为起决定性作用的因素是环境，在同一社会环境中，观察和模仿的行为对象是相同的，因此可以通过设定环境来刺激行为达到预期的反应（车文博，2010）。人们的社会行为是通过观察和学习获得的，即观察他人的"行为和模仿他人的形成"的例子。在这个社会学习过程中，环境起着决定性的作用。只要人们控制环境，他们就能朝预期的方向促进社会行为的发展。

社会行为范式的研究突出了行为心理学的研究对象和方法的客观性、开放性和可操作性，并将人类行为的预测和控制作为研究的基本任务。因此，它决定了行为心理学更加关注实践生活和心理学对应用心理学的影响与发展。社会行为范式的科学性和环境决定论的观点，使心理学研究从意识研究进入其他领域的应用研究，比如消费心理学、广告心理学、设计心理学等（DeGrandpré，Buskist，2000）。行为认识论、行为实验分析以及应用行为分析等实证研究方法普遍应用于各种社会机构，而且渗透到社会行为、消费趋势、生活方式、市场洞察，甚至设计创新等领域。

3.1.2.4 后现代、后结构主义的生活方式

20世纪60年代后，意识形态的多元化、商业消费的全球化及以数字技术为核心的各种高科技的广泛应用，使社会转型，导致新的文化形式出现，这些都促使人们重新反思生活、社会的意义问题，逐渐发展为各种文化思潮。对于这些思潮，人们有完全不同的理解和解释及有诸多说法，认为它们是接着现代之踵而来的，与现代主义是不同的，它们质疑和批判现代主义理论和文化实践，同时也是继承和超越现代主义。后现代主义就是泛指现代主义之后的各种文化思潮的汇称。

随着工业化的发展，由于现代艺术的出现、消费社会的产生、新技术的应用、交通和通信方式的加速，现代性进入人们的日常生活中，新出现的变化和转型过程产生新的后现代社会，这个新的历史阶段和新的文化形式，需要新的概念和理论去阐述，对以往的理性主义、基础主义、人类中心论、主客二分法等进行质疑和批判。后结构主义认为，意识、认同、意义等都是历史形成的，随历史的变化而变化，因而社会与文化的关系丰富而复杂，且蕴藏在结构的要素之中。主张在现代生活世界中多元比同一重要，反对将意义限制在总体和集中化

的理论和体系中，强调社会关系与建构文化的意义。

在这种社会背景下，社会学研究发生了向日常生活的转向，如阿尔弗雷德·舒茨（Alfred Schütz）延续胡塞尔的"生活世界"的研究，建立现象学社会学；加芬克尔（Garfinkel）的常人方法学凸显了日常生活互动中参与社会事实的建构的研究；哈贝马斯（Habermas）以社会交往讨论文化、社会和个性的内在结构；鲍德里亚（Baudrillard）围绕日常生活建立了消费社会理论；列斐伏尔（Lefebvre）开展了日常生活方式与资本主义生产关系的政治研究；布迪厄（Bourdieu）强调了"场域"是具有相对自主性的社会小世界构成的现象学观点；等等（王雅林，2015）。（表3-1）

以消费社会的崛起为代表的社会变革导致对日常生活的研究反思：认为身份认同是在复杂的社会过程中被不断重新定义与再生产的；研究社会结构的不同要素之间相互依存、相互建构的辩证关系。不断拓展日常生活研究的领域，一个是在人文社会学的方向上研究社会的可持续发展，另一个是在消费和管理领域中研究生活方式。

表 3-1　后现代主义生活方式研究理论

学者	观点	主要理论
舒茨	现象学社会学	延续胡塞尔的"生活世界"的研究，解释人类行为在情境结构和现实建构过程中发生的相互影响，试图弄清社会中发生的行动、状况和现实之间的关系。揭示个体意识在社会行为、社会状况和社会世界产生中的作用（阿尔弗雷德·舒茨，2012）
加芬克尔	常人方法学	在分析日常生活活动时，以理性方式通过运用实践推理而非形式逻辑来理解日常生活的方式。关注社会秩序产生和共享的过程，以群体形成的观点和看法作为社会的一般看法，试图描述感觉或意识中构建起的常识性社会知识的实际过程（乔纳森·H·特纳，2006）
哈贝马斯	社会交往	哈贝马斯认为生活世界是公认的实践、角色、社会意义和规范的集合，构成了理解和可能互动的共同视野。生活世界在很大程度上是一个隐性的信息库，它是整体结构的。生活世界设定了构成日常互动的准则（哈贝马斯，1994）
布迪厄	场域	场域是由一种或多种特定力量组成的自治的社会空间，是根据经济、文化、社会和象征性的资本来构建并相互交织。每个领域都配备有自己的逻辑，社会领域中的关系与权力的分配有关，都有自己的功能原理，与其他领域区分开（皮埃尔·布迪厄、华康德，1998）
吉登斯	结构化	社会结构都是由人类机构构成的，但同时又是这种构成的媒介，结构产生和再生产系统的过程称为结构化，涵盖了具体实践活动。宏观结构可以作为对行动的约束，但是它也可以通过提供共同的意义框架来使行动成为可能，结构理论是在狭窄的时间和空间边界内给予秩序和超越的（安东尼·吉登斯，2015）
列斐伏尔	日常生活批判	与技术和生产相比，日常生活是一个不发达的领域，资本主义发生了变化，使日常生活被殖民化，变成了纯粹的消费区。在日常生活中资本主义的生存和再生产，如果不彻底改变日常生活的现状，将继续降低日常生活质量，并抑制真正的自我表达（亨利·列斐伏尔，2017）
鲍德里亚	消费社会	鲍德里亚认为物的真正价值在消费社会中是非功能性的，"要成为消费的物，物首先要成为一个符号"（让·鲍德里亚，2008）。指涉的不是生产出的物的使用价值，而是其符号价值。认为媒介正在构成一个比现实更现实的"拟像社会"（让·鲍德里亚，2015）

数据源：笔者整理

3.2 生活方式作为消费研究对象

随着工业革命的到来，尤其是在 20 世纪，技术的飞速发展和消费品（尤其是家用电器、收音机和汽车）的不断增长，使消费者努力追求更新的商品。凡勃伦考察了 20 世纪初美国的经济制度、广泛的个人价值观和他们的"闲暇时间"后，指出在美国的中上层阶级出现了一种炫耀性的消费观念，消费行为超出了满足基本需求的目的，主要用于提高社会声望。百货商店的出现代表了购物体验的一种范式转变，消费者可以一次在一个地方购买各种商品，购物成为一种流行的休闲活动。个人和团体开始有意识地寻求另一种生活方式，消费对象成为描述强烈认同的生活态度、生活模式和价值观的选择，特别是流行、奢侈品牌和具有地位象征吸引力的产品或服务。至此，消费行为成为社会的主要事实。

随着生活方式成为衡量社会地位的一种工具，研究者从社会生活的不同维度解释生活方式的概念，这极大地扩展了不同领域对生活方式的研究。其中，当消费现象成为研究阶级变化的对象时，也将消费现象等同于生活现象，研究消费也就是研究生活方式。

3.2.1 消费活动对生活方式的研究

在社会学领域内，马克思和恩格斯虽然在阶级差异研究中对生活开展了大量的生活调研，但没有对生活方式做出任何的定义。韦伯定义生活方式为不同群体的各种行为方式、着装、语言、思想和态度，这是最早的生活方式定义，以生活方式不同表征来分辨不同群体。沿着社会释义的研究范式，在 20 世纪 50 年代后期，Bell、Rain-water、Coleman 和 Handle 等学者研究了消费领域的生活方式，他们指出在生活方式研究中理解、解释和预测消费者行为的重要性（龙斐，2007）。"生活方式"一词是由 William Lazer（1963）在市场营销领域提出，旨在揭示根据思想、兴趣和活动而变化的消费者群体是有别于其他社会群体的，其消费购买习惯反映了这种消费者的生活方式。他将生活方式定义为一种基于系统的结构，并指出生活方式会根据社会动态而发生变化和改善。这些反映在一个动态模型中，是行为、意识、文化、价值、人口特征和营销活动等各个层面的综合体。Lazer 对生活方式的定义促使其从社会学理论研究延伸至经济消费的应用领域，研究方式从质性描述向数据量化转变。

生活方式是个人的日常行为，包含个人的生活经历、生活背景、兴趣和态度等特征

(Plummer，1974），而各种独特的生活方式都反映出各种各样的活动、兴趣、意见和需求，总结了价值观、态度和信念，这些价值观、态度和信念会激发消费者的注意力，并产生行为意图。

Berkoman 和 Gilson 认为生活方式细分方法是从人而不是产品开始的，不同区域、年龄、性别和行为的消费者具有不同的生活方式，每种生活方式都具有基于广泛活动、兴趣和观点的独特模式，根据消费者调研的信息，可将产品按独特模式设定以满足消费者（Berkman，Gilson，1974）。大量研究表明，生活方式影响消费者的同时也受消费行为反向影响。

在对生活方式长期的研究中，Well 和 Tigert 等学者查阅大量相关文献后，发现不同研究者对生活方式的理解不尽相同，对生活方式的归类总结多达 30 种，但在归类总结的过程中也形成了对生活方式理解的共识：生活方式是多样性的，可以利用大量的数据进行定性和定量分析。进入 21 世纪，生活方式的研究领域不断扩展，认识也更加深刻。Hawkins、Best 和 Coney 指出，生活方式是个体在社会环境中成长衍化所形成的内在特征，能够反映社会发展的方方面面，成为个性、认知、心理、行为、价值观、社会心态、社会地位、社会交往、消费活动、人口特征和风俗文化等层面的集合体（Hawkins et al.，2001）。

因此，学者们共同认为：生活方式和消费活动是互相影响和作用的，可以从消费决策和活动的过程中引导生活方式作出改变，也能够通过生活方式需求、态度和经验影响消费决策过程。可见，对于生活方式的研究不仅关注社会群体的特征、个体的心理动机等学术理论，还延伸至市场消费领域的应用研究的普及推广。

3.2.2 管理活动对生活方式的研究

阿德勒从心理学的角度提出生活方式具有外在的表征和可量度性，生活方式是凭借生活预期目标而安排生活，并根据他们的行为、态度和价值观呈现出来的生活模式（周光 等，2018），认为生活方式是个人在某种社会和文化空间中显现的外部形式，这些外部形式可以通过个人活动、兴趣和观点三个维度来呈现。Lazer 从市场营销角度认为生活方式具体表现为一种动态的消费者心态、行为、观念的系统概念，是个体或群体的独特生活模式，是行为、意识、文化、价值、人口特征和营销活动及法律等因素造成的结果。这些有关生活方式的研究都根植于韦伯和凡勃伦的理论体系，视生活方式为身份地位、自我价值的表征，成为外在的反映，是可以通过计划、分配、预测等方式干预的消费活动与生活方式。

随后，管理学以资源分配理论融合阿德勒对生活方式维度的划分方式，给出了一种关于生活方式定义的新观点，认为生活方式是支配时间、金钱和能量等资源的一种模式。生活方式被视为一种可量化的多变量的研究工具。这些生活方式的定义比概念内涵本身更面向操作过程，由于生活方式是社会群体共同的本质内涵，与消费活动是互相作用的，消费领域对于生活方式的研究将从内部个体和外部环境进行定量研究，不断研发各种测量工具，以细分人们的生活方式和消费市场。一方面研究个人生活方式受个体内部因素（性别、年龄、交往、喜好等）与社会结构相关的变量的影响；另一方面，研究与所属的社会群体特征（文化、教育、道德、习俗、宗教等）相关变量的影响，以分析社会消费领域个人生活方式的形成及内容。

王雅林认为，生活方式必须依赖于社会文化背景，运用和分配社会供给的各种物质所形成的系列活动方式、配置方式，是人的生命活动方式的总和（王雅林，1995）。学者郑杭生和李路路则认为生活方式应该包括物质消费、家庭生活、社会交往和闲暇娱乐四个方面（马惠娣，2013）。

众多的研究者从各自的领域解释了生活方式的含义。社会学是最早介入社会生活领域研究的，从宏观的视角研究人们生活的所有领域，给出的定义相对宽泛，属于生活方式的广义定义。经济学的生活方式关注消费人群特征与生活方式之间相关性的研究，生活方式影响消费者的同时也被消费行为反向影响，将生活方式视作可度量的对象。心理学通过分析个体的心理动机及行为特征，以解释和预测生活方式的变化，以定量研究生活方式描述认知结构与外在行为之间的联系。管理学从各个学科的适用部分借鉴，并关注时间和金钱等各种资源的分配方式，分配过程包括消费者行为（刘萍，2011），形成了消费行为在营销领域中生活方式概念。物质消费活动中时间、金钱和精力等资源的分配系统，是一种综合观念，反映人的价值观、兴趣、意见的差异，形成以下特点：

（1）生活方式是可以被消费与支配的系统；

（2）生活方式是个人或群体独特行为的综合与差异体；

（3）生活方式由外部环境与内在心理统合而成；

（4）生活方式是显性的，是社会认同的表征。

3.3 生活方式作为创新设计对象

历史进程角度认为，广义的设计是人类一种有目的的创造性行为活动，是对于物质、文化和环境的思考。设计不仅助推了人类文明的进程，其对象和属性也随着文明进化而不断演变（辛向阳、曹建中，2015）。从农业社会到工业社会，再到后工业时代，随着不同时期生产对象的改变，近现代设计的发展大体可分为三个不同历史阶段（路甬祥，2012）（表3-2）。

3.3.1 社会变革引导设计改变

人类社会的发展历程是不断运用科学、技术和社会实践等手段，创立、改进和改造社会形态，以创造和使用先进生产工具提高认识与改造世界的能力的过程。机器生产取代人力劳作，机械工具取代手工工具，普惠计算（e-People）取代传统计算机与网络硬件、软件和服务，每一次生产力的变革都改变了社会形态，产生新的社会思潮、新的价值观和新的生活方式（黄锦奎，2010）。可见，人类历史上每一次科技革命带来的产业革命和认知革命，促使人类社会的物质文明与精神文明都以爆发式发展，提供满足各层次需要的丰富的物质与精神财富，规模和高度令人

表3-2 近现代设计发展的三个阶段

阶段	社会阶段	设计时间	设计的目的
一	农业社会 手工时代	传统设计 手工工艺	满足生活基本物质功能需求
二	工业社会 机械时代	现代设计 机械设计	满足社会消费需求，个体生活个性化和多样性需求
三	后工业时代 数字时代	先进设计 数字化设计	满足社会可持续发展的目标，追求个人、社会、人与自然的和谐、协调的共生、共存

数据源：《创新中国设计创造美好未来》。

难以想象。这种以范式"革命"与范式交替形式出现的理论创新模式，事实上是科学发展的一般规律（托马斯·库恩，2003）。

（1）第一次工业革命的社会变革

第一次工业革命是指18世纪60—70年代，英国发起从生产领域产生变革的技术革命，由手工劳作向动力机器生产转变的一系列技术创新，引发了机械取代手工的革命式重大飞跃，使机器批量生产代替了手工工厂，推动了交通运输领域的革新，随后自英国扩散到整个欧洲大陆，19世纪传播到北美地区。

在第一次工业革命中，劳动对象的范围不断拓展，从自然物延伸到机械物，以至一直被自然束缚的双手得以首次解放（黄锦奎，2010）。随着生产资料的增多、生产效率的提升、社会物质财富的爆发式增长，同时科学技术被确认为认识和改造世界的原动力，树立了人类改造自然的态度和信心，人类史上对世界的认知力和自身自由度第一次全面大提高。同时，依附于落后生产方式的自耕农阶层逐渐消失，形成工业资产阶级和工业无产阶级。人口不断向城市地区集中，百货商店出现，商业社会逐步形成，促进了近代城市化的兴起，出现了只有小部分中等阶级才能享受的消费时代，新的生活方式开始形成（三浦展，2014）。

工业革命相对于旧有的生产模式，最大的变化就是采用了新技术，由掌握销售方式的商人开始组织集中生产。这种变化大大提高了生产效率，降低了生产成本，从而能够满足世界各地的广大市场需要。以往行会作坊生产的手工制品，相对工厂大规模生产的东西，更为精致。但是工厂化的大规模制造，可以生产出众多廉价的商品，把各种手工制品挤出了市场，生存下来的就成为日后的"奢侈品"（戴维·瑞兹曼，2013）。在商品日益丰富的生活中，人们的思想发生了许多改变，对于物质生活的向往逐渐取代了宗教的救赎，开始追求个人的幸福。

（2）第二次工业革命的社会变革

第二次工业革命是指19世纪70年代开始，自然科学的新发展与各种新技术、新发明紧密地结合起来，世界经济格局发生变化，资本主义世界市场最终形成。劳动分工使得技术或非技术劳动更具生产效率，使得工业中心的人口迅速增长。其特点是铁路建设、大规模钢铁生产、制造业广泛使用机械、大大增加蒸汽动力的使用、广泛使用电报、石油的使用和电气化的开始。现代科学管理在大型企业中使用科学方法来解决难题。

由于生产力的提高,商品快速普及,生活水平显著提高,"大众消费"是这一阶段的消费主题。批量生产、大量消费成为社会生产和消费原则,以夫妻和两个小孩组成的家庭构成社会消费的主要单元。由于效率更高的流水线和自动化电气设备代替大量人力劳动,供应链能力进一步拓展,以家用电器为代表的批量生产商品迅速普及,百货商店、超级市场和购物中心延伸到生活的各个角落,"消费差距"在逐步缩短(三浦展,2014)。这个时期消费者追求大就是好、多就是好的消费观念,以满足单纯的购物需求,别人有的自己也应该有。

(3)第三次工业革命的社会变革

第三次工业革命始于 20 世纪 70 年代,又名信息技术革命、数字化革命、信息革命。因计算机和数字信息在各行各业的普及和推广,从而引发机械和仿真电路到数字技术的变革。第三次科技革命提升了产业效率,业态模式愈发多样化,促进了传统产业的转型升级。科技的不断进步,再一次大幅度提升生产效率,降低了工作成本,同时也颠覆了人类的思维模式和认知观念,全面推动社会的变革,包括工作、学习、消费、娱乐、交往、出行等的运作模式(李景治、林苏,2013)。

这一时期社会消费的主要单元开始由家庭转向个人,高端化、个性化、品牌化的服务性消费激增。20 世纪 80 年代,在社会阶级加速分化的背景下,高收入阶层开始盛行并引领品牌消费浪潮。城市职业人群中的中产阶级受过良好教育,收入较高而又工作勤奋,作为全社会的精英,对社会产生了深远的影响。该群体追求时尚、崇尚个性、注重消费体验,拥抱科技文明,其消费对象从家庭电器等耐用品转到个人产品等最新的科技产品上。

200 多年前工业革命爆发,机器大生产取代了手工劳作,诞生了规模生产的思维方式,以标准化、规范化、规模化、可控性、测试性和效率化为特征的现代管理的工业思维形成(黄升民、刘珊,2015)。数字技术的普及,同样会催生与之相匹配的思维和理论,以体现数字产业的先进性和有效性。数字化实质是一个工具——一个改变世界现状的工具,正在对社会进行三个"重构":①重构一切"关系",包括人与人的关系、人与物的关系、虚拟世界和现实世界的关系;②重构一切事物的边界,包括组织边界、区域边界、国与国的边界;③重构各行各业的全球格局（吴晓波，2015）。这加速了社会的变革、商业的重构，出现了颠覆性的行为，将一切拉到同一起跑线，让一切的变革成为可能。

传统生产流程、思考逻辑都会因为互联网重构新的关系，打破事物的边界，提升社会创新力，由原来线性的推理衍变为网络状的思维（乌尔里希·温伯格，2017），重新定义人与人的关系、人与物的关系、学科与行业的关系。对于互联网的重构，设计该如何面对产品、用户体验、战略、复杂系统的创新？

3.3.2 设计研究的三个领域

在过去的十年中，商业和设计研究的学者对设计领域中的探索兴趣日益浓厚，研究强调管理概念、新工具的使用及其使用的有效性，以这些概念和工具来解释在新的生活情景中，如何赋予商品形式与功能新的内涵，如何影响组织运行和创新组织架构，以及引导社会变革。

由于"设计"含义的复杂性及应用场景的广泛，"设计"的定义也随之多义和混乱。换句话说，也可以用不同的方式来理解设计：作为结果、过程、目的及实现该目的的能力，并将设计视为关于对象形式、功能及这些活动的系列选择。以此角度，本书研究中仅专注于产品设计方面的研究。据此可以将对设计的理解分为三个主要研究领域（Ravasi，Stigliani，2012）：设计活动（如何或应该做出设计决策）、设计选择（设计决策如何影响产品的形式和功能特性）和设计结果（产品的形式和功能特性如何）（表3-3）。

3.3.2.1 设计活动的研究领域

设计是一组系列活动，通过活动可以确定产品的形式和功能特性，就是"设计师做什么"（Heskett，2002）。该领域是设计师和产品开发人员的主要工作范畴，包括设计管理、设计师审美、优化迭代工具和以用户为中心的设计工具的四个研究维度，它们共同提高了设计实践的实施和协调方式的理解。

（1）设计管理

设计管理是在20世纪80年代中期出现的通过量身定制设计开发产品以适应本地消费市

表 3-3 设计的三个主要研究领域

领域	研究内容	设计定义	调查重点	核心发现
设计活动	设计管理	设计为一组活动和能力	如何成功管理设计活动	设计资源的获取和组织，过程的管理
设计活动	设计师的审美	作为知识密集型的创新实践进行设计	认知过程如何影响新观念的发展	有效的产品设计需要获取和整合不同领域的知识
设计活动	设计师的审美	作为知识密集型的创新实践进行设计	认知过程如何影响新观念的发展	审美知识是产品设计实践的核心
设计活动	设计师的审美	作为知识密集型的创新实践进行设计	认知过程如何影响新观念的发展	设计师的独特方法有助于创造性地解决问题
设计活动	优化迭代的工具	设计为产品属性的配置	为设计相关问题提供最佳解决方案的工具	在消费者喜好的情况下，不同的工具和启发式技术可以优化配置产品功能
设计活动	以用户为中心的设计工具	设计为问题的技术或形式解决方案	用户参与产品设计和创新	用户参与设计，降低成本和促进创新
设计活动	以用户为中心的设计工具	设计为问题的技术或形式解决方案	用户参与产品设计和创新	产品设计的潮流时尚影响消费者的喜好
设计选择	设计与技术创新	将设计作为问题的技术解决方案	产品技术配置和企业间竞争	产品设计对于创新和竞争至关重要
设计选择	设计与技术创新	将设计作为问题的技术解决方案	产品技术配置和企业间竞争	产品功能与用户需求和期望之间的契合度可以产生良好的设计
设计选择	设计驱动的方式创新	设计为产品语言	产品形式创新的驱动力和含义	形式创新遵循的动力是产品的意义
设计结果	设计与商业行为	设计为一组活动和能力	设计影响市场表现并提高盈利能力	设计会积极影响市场表现
设计结果	设计与商业行为	设计为一组活动和能力	设计影响市场表现并提高盈利能力	高水平的设计与公司绩效相关
设计结果	设计与商业行为	设计为一组活动和能力	设计影响市场表现并提高盈利能力	设计管理技能与公司绩效相关
设计结果	设计和消费者反应	设计为产品形式	产品形态影响消费者对产品的态度和行为	产品形式的要素影响消费者的情感反应
设计结果	设计和消费者反应	设计为产品形式	产品形态影响消费者对产品的态度和行为	产品形态要素影响消费者对产品的解释和分类方式
设计结果	设计和消费者反应	设计为产品形式	产品形态影响消费者对产品的态度和行为	产品形态有效提升感知质量和购买产品的意愿

数据源：*Productdesign: are view and research agenda for management studies*。

场,实现商业成功的设计模式(Veryzer,Borja de Mozota,2005;Walsh,Roy,1985)。因此,学者将设计定义为一组活动(构成设计过程)和组织的独特能力(De Mozota, Kim, 2009)。"设计管理"的概念被理解为"产品经理有效地利用组织为实现其公司目标而提供给组织的可用设计资源"(Gorb,1990),它为研究目的提供了一个总体的理论平台,有效地协调设计活动。

(2)设计师审美

设计师的实践理解为一种创造性的知识密集型实践,强调在产品设计活动中的头脑风暴、创意生成和产品开发过程中利用多领域知识进行有效整合的重要性(Hargadon&Sutton,1997),由于设计师知识的多样性,通过广泛的外部合作可以对创新设计产生积极影响(Dell'Era,Verganti,2010)。强调从感官和经验中衍生出的一种特殊类型的审美知识,将进一步完善设计实践中对认知相关过程的理解(Ewenstein,Whyte,2007)。实践表明设计师的设计敏锐度和设计鉴赏力对于新观念产生有重要影响。

(3)优化迭代工具

设计工具是设计人员使用以支持其决策的定量工具。通过定量工具将设计的概念作为解决问题的活动,旨在解决所谓的"产品设计问题"(Kohli,Krishnamurti,1989)。这些研究集中在如何优化产品中设计的属性以满足商业目标和消费者效用功能。为此,提出了不同的工具和启发式技术,为设计相关问题提供最佳解决方案的工具。

(4)以用户为中心的设计工具

用户直接参与产品形式设计的模式极大地触发了消费者的成就感,通过亲身体验和自我满足获得,与现成产品相比,消费者对参与设计的产品购买意愿更高(Franke, Schreier, Kaiser, 2010)。以用户为中心的方法在新产品设计开发中发挥积极作用,用户参与设计更好地改善产品功能,创造新的产品形式(Thomke,Von Hippel,2002)。研究表明,使用以客户为中心的技术(Lojacono,Zaccai,2004)和工具能够让用户执行设计过程的一部分,能很好地降低新产品开发相关的成本和风险(Von Hippel,Katz,2002)。

3.3.2.2 设计选择的研究领域

产品设计的领域包括一直都被研究的设计和技术创新内容以及正在兴起的设计驱动的方式创新内容。

（1）设计和技术创新

设计是问题的技术解决方案。对技术和创新管理的研究集中于产品设计对功能和技术参数配置变化的竞争意义（Abernathy，Utterback，1978）。也就是说，评价一个设计创新方案优于其他竞争解决方案，可以用产品基本功能参数与社会经济和技术环境之间的适合度来解释（Clark，1985）。因此，Clark 和 Fujimoto 提出了"产品完整性"的概念，指的是"产品功能与其内部结构之间的一致性"和"产品性能与客户期望之间的一致性"（Clark，Fujimoto，1990）。

（2）设计驱动的方式创新

设计将注意力转移到创新的驱动力和竞争意识上，而不是产品的技术特性上。设计师开始研究产品形式和符号之间不断变化的关系。这种设计观点的核心是强调产品形式的语义（Krippendorff，2005）和设计作为一种语言的概念，产品成为有意义的符号组合（Dell'Era，Verganti，2007）。这表明设计创新需要建立一种清晰可辨的语言，以帮助消费者轻松地将产品与品牌联系起来。这些动态联系被理解为产品美学和象征意义的变化。

3.3.2.3 设计结果的研究领域

对设计和商业行为、消费者响应率的研究，极大地增进了人们对设计选择和商业模式、消费者和效率的理解。尽管有关设计和商业模式的研究试图追溯公司在设计方面的投资与公司的盈利能力之间的广泛联系，但分别针对消费者行为和运营管理的研究调查了产品设计对财务绩效的两个基本决定因素的影响：产品销售和财务状况；运营效率。

（1）设计与商业行为

20 世纪 80 年代中期至 90 年代中期，市场管理的学者开始认识到设计的战略意义，并指出一些组织和公司通过设计创新，可以高效、完善、系统地管理及在市场中获得差异竞争优势（Black，Baker，1987）。这表明优秀的设计可以对商业运营产生积极影响，并大大提高产品销售量和市场份额。设计成为一种商业活动，通过营销和设计之间紧密合作，解决设计、制造和零售之间的障碍，创造新的商业模式（Abecassis-Moedas，Mahmoud-Jouini，2008）。

（2）设计与消费者

消费者研究始终侧重于产品设计的美观性，并认为产品形式是形成客户对产品印象的首要关键点（Bloch，1995）。实验表明，产品形态的各种特性独立于产品功能，产品形态的美观度会影响消费者的情感偏好及对产品或品牌的理解，并影响购买决定（Veryzer，1999）。研究认为产品外观与产品的感知美学和象征价值是紧密相连的，消费者通过对不同产品和品牌的消费表明生活态度、价值观和社会地位（Marielle EH Creusen，Schoormans，2005；Mariëlle EH Creusen, Veryzer, Schoormans，2010）。

3.3.3 设计本体的研究

现时，设计的理论研究主要集中在三个方面：①设计作为认知学研究，基于感性认识和理性认知原理，从体验和实用两个方面同时研究设计的内在规律；②设计作为设计理论研究，以设计作为一个领域和学科探讨问题表达和解决方案等设计外在表现的特征和结构；③设计作为设计思维研究，使创新超越了战略管理，成为应对复杂现实的一种方式（Kimbell，2011）（表3-4）。

（1）设计作为认知学研究

设计是用户需求的载体，一方面体现在实用理性需求，另一方面是情感需求，这两种需求都建立在个人需求和生活方式的基础上。因而，设计的重要任务是在满足功能需求的条件下实现情感体验。当前的设计研究，通常实现设计问题的理性和感性认知的一致性，对现有设计理论研究分类：①以设计满足用户的实际需求，创造性解决问题的过程为设计理论构造；②以设计满足用户情感体验，在情景中反思为设计认知分析。二者协同作用，归纳和研究设

表 3-4 设计研究现状分类对比

	设计作为认知学研究	设计作为设计理论研究	设计作为设计思维研究
焦点	设计师	设计学科	企业/组织/社会
设计目的	满足需求	设计研究	创新活动
方法	用户洞察 设计表达	跨学科研究 范式转换	移情设计、整合思考、溯因逻辑
设计问题	创新性解决问题	设计问题扩展到社会生活的各个领域	企业、组织、社会问题是设计问题
认识论	理性、实用主义 心理认知	后现代主义、实践观点	实践观点
代表人物	Simon、Rowe	Horst Rittel、Buchanan	Brown、Martin

表格来源：笔者整理。

计的内在规律，指导设计实践。

（2）设计作为设计理论研究

Richard Buchanan 将设计理论从传统意义的研究，转移到关注连接和综合有用的知识，扩大了"设计思维"探索的范围。设计可以解决极其顽固和困难的棘手问题，他提出了四个不同的设计思维领域作为解决方案：①符号和视觉通信的设计；②物质对象的设计；③活动的设计和组织服务；④复杂系统或环境的设计（Buchanan，1992）。

（3）设计作为设计思维

"设计思维（Design Thinking）"起源于诺贝尔奖得主赫伯特·西蒙（Herbert Simon）1969 年的经典著作《人工科学》，随着商业生态系统愈加复杂，凯文·凯利把这个想法正式带入了商业和创新的主流社会中。而后蒂姆·布朗（Tim Brown）在《哈佛商业评论》上发文定义：设计思维是以人为本的设计精神与方法，考虑人的需求、行为，也考虑科技或商业的可行性（蒂姆·布朗，2011）。它被描述为一种认知、战略和实践过程，以分析性思维与直觉性思维解决问题和提出新想法的方法。如今许多大型企业和组织都将设计思想用于项目、创新、产品开发。

设计思维是一种多学科、多领域的创新方法，从工程、建筑和业务等各个领域演变而来，而不仅仅由一种科学所主导（Carlgren, Elmquist, Rauth，2014；Kimbell，2012；Simon，1996），强调商业分析、发现问题、概念可视化、创意思维、草图与绘图、建模与原型制作、测试与评估等，直接参与创新和决策过程。设计思维也可以理解为将工业设计师的方法应用于产品外观之外问题的任何过程。

总而言之，设计作为本体研究，已经不仅仅停留在美学和实用的范畴赋予事物形式，还涉及个体认知、技术革新、商业消费、生活方式、社会转型等层面。设计从原来关注微观的物，拓展到商业模式和生活方式等宏观的社会事实。

3.3.4 设计的驱动力和影响力

设计起初用于实体设计，近年来它越来越多地应用于解决无形的、复杂的问题，特别在创新模式、商业模式等方面获得巨大成功。设计是设计师用来解决复杂问题并为客户找到理想解决方案的方法，并不仅仅以问题为中心，设计以解决方案为重点，以行动为导向，创造优先的未来（W·尼克松，2017）。设计借鉴逻辑、想象力、直觉和系统推理，探寻潜在的可能性，并驱动和影响着商业效益和生活方式，因此引起学术界研究者和设计咨询、管理、教育领域的广泛关注。

（1）以物的角度

设计关注设计师活动，致力于产品创新，为企业获取竞争的优势，如降低产品生产成本、生产更优质或新型的产品、制造让消费者高度渴望拥有的产品，或者是三者的综合（Vokoun，2017），要求专业设计师的实践（实践技能和能力）和学术建设围绕如何解释、表征设计的非语言能力的理论思考。设计师应该从设计的角度思考联结理论和实践，并相应植根于学术设计领域的理论研究（Johansson-Sköldberg, Woodilla, Cetinkaya, 2013）。

（2）以体验的角度

设计方法需要从解决问题转向探索可能性——最终为美好愉快的生活而设计（Desmet，Hassenzahl，2012）。驱动这种可能性的设计方法是人的体验，体验是将用户带入事件里，感受过往的经验，或是沉浸在一个精彩的叙事中，或是满足未来的期许（陈炬，2019）。设计在体验过程中关注生活方式的创新，这种转变与美学无关，它的核心是将设计的原则应用到人们的生活行为中。这种转变正悄然兴起，设计的重要性在不断提升，体验不再仅仅注重用户对产品功能和服务质量的感受，而是开始关注在互动过程中个体对人、物、事件产生的感受，体验成为可以被消费的商品，不完全是个人的某个经历（辛向阳，2019）。这导致了交互、行为、消费等与传统的生产过程、传播方式、商业模式等方方面面不相匹配。设计需要为消费者创造属于自己的体验，来形成新的差异化竞争优势；消费者也需要在新的环境中获取自我发展、自我满足、自我实现的需求（陈炬，2019）。

（3）以社会的角度

过去10年，社会环境所发生的变化比以往任何一个时期都大，导致变化的原因在于：互联网和电子通信科技的迅猛发展、商业活动的日益国际化。传统的标准、方法和意识形态无法有效规范这些活动，无法面对新的事物作出有效的反应，传统意义的设计满足不了生活变化的需求。新的设计逐渐成为商业活动的核心基石，各行各业都掀起了一场"设计运动"，"设计"被认为能够面对"未知的险恶问题"及打破偏见，从用户的需求出发，深入挖掘潜在需求，整合多种技术或业务来满足用户需要，并提供更多高质量决策。

如上所述，研究者们已经对产品技术和设计开发的基础和意义进行了广泛的研究。如今，跨领域的研究越来越关注产品形式的属性，这反映了设计理论和实践相结合的趋势，强调产品语义（Krippendorff，2005）和用户体验（Norman，2010）。研究明确指出产品形式是功能的结果表达（Alexander，1964），更是产品美学及含义的表达。产品形式不仅是改良迭代成熟产品或差异化同质产品的影响因素，还是消费者需求和行为的根本驱动力（Noble，Kumar，2010）。设计将边界从有形物体扩展到无形资产上，如体验和服务、社会持续发展和生活方式等（李轶南，2020）。这种趋势可以理解为是生活世界中设计所发挥的作用越来越大的结果，设计不仅生产制造"物"，将物和无形资产结合到创新中，更把生活作为设计对象，将想象出的新世界变成现实（Brown&Martin，2015）。

本章小结

生活方式的研究历哲学本源、社会现象、心理认知演进到消费方式和设计创新的领域，凝练对于生活方式的定义内涵的共通之处。通过对生活方式研究脉络的梳理分析，可以认为生活方式的演进有以下特点：生活方式的研究视角从宏观的阶级分层逐渐到中观的社会发展，再到微观的个体互动的变换。生活方式作为被观察对象，以宏观的角度区分国家和阶级；随着社会的发展和消费时代的来临，生活方式的研究集中在社会持续发展和经济管理领域，逐渐成为研究分析社会群体的工具。进入消费时代，生活方式作为价值观、象征意义的显性呈现，被引导和设计，成为设计的对象，成为一个独立的研究领域。生活方式从附属性的边缘概念发展为具有独立意义的概念（高丙中，1998），从社会现象研究发展为设计的对象（图3-1）。

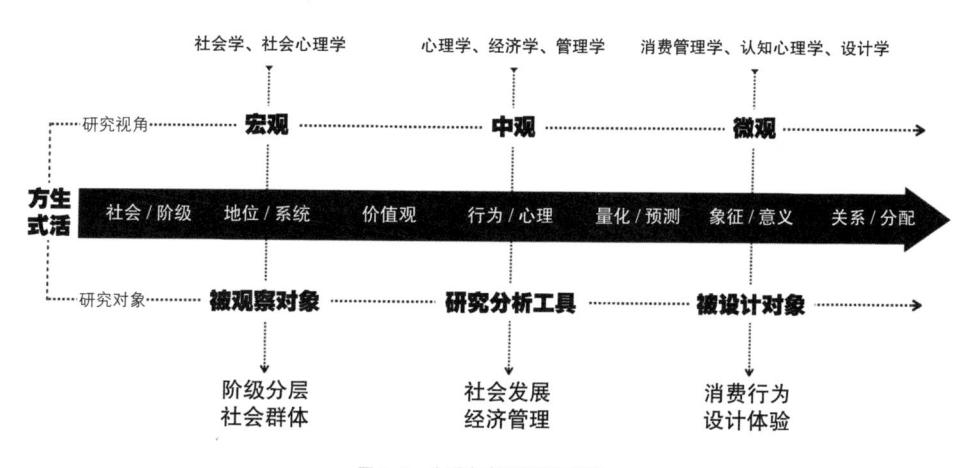

图 3-1 生活方式研究脉络梳理
数据源：笔者绘制

第四章 生活方式的隐性与显性转换

4.1 生活方式的衍变

4.1.1 生活方式研究视角的转换

生活方式是人在社会中生存和谋求发展的普遍社会现象，是社会现实的有机重要组成部分，可以以宏观视角社会群体分类方式看待日常生活，也可以个人的心理动机和消费行为微观分析生活。生活方式是人文社科领域研究社会、经济变化的重要内容，又是生活意义的分析工具，也是个体消费行为、交往互动的设计对象，因此，生活方式是多学科交叉研究的领域，以至每个研究领域对生活方式的含义都有着不同的理解。

乔纳森·特纳将生活方式研究分为微观、中观和宏观三个层次（表4-1），这三个不同层次的生活方式互相影响、互相制约（乔纳森·H·特纳，2006）。在微观层面上，社会学研究个体的互动，而社会心理学关注个体认知；在中观层面上，社会学研究社会组织内部的交往活动，社会心理学关注社会组织内部的心理现象；宏观层面上，社会学研究社会组织间、国家之间的社会、文化互动，心理学研究的是社会意识形态，关注社会心态、表征体系、价值观和道德规范（王俊秀，2013）。

安东尼·吉格斯（Anthony Giddens）的社会结构化理论认为宏观结构可以作为对行动的约束，宏观的生活方式制约中观的生活方式，中观的生活方式制约微观的生活方式，反之，微观影响中观，中观影响宏观。也就是说，国家、社会组织和社会个体一层层制约也相互影响着。个体是社会构成的粒子，每个粒子的聚合就是群体，因此从个体开始分析，就能够理解群体、社会、国家等层面展现的人群分类、社会结构、社会变迁和文化习俗，更好地研究

表4-1 生活方式的三个研究层次

研究层次	研究对象	社会学研究内容	心理学研究内容
微观层次	个体内、个体间	个体互动	个体认知
中观层次	社会组织内	人际互动	群体心理
宏观层次	社会组织间、国家	社会互动	意识形态

数据源：笔者整理。

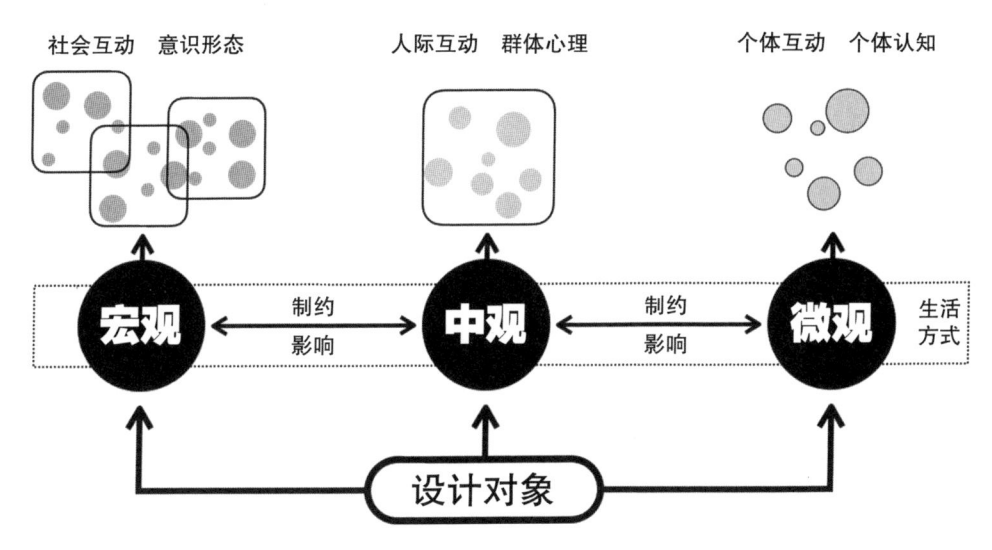

图 4-1　生活方式的行为与认知关系示意图
数据源：笔者绘制

生活方式的衍变过程（图 4-1）。

　　生活方式研究分析是以微观层次的个体互动和个体认知为基础的，但研究分析的问题主要集中在中观层次到宏观层次之间。现阶段，有两种关于生活方式研究的观点：一种研究认为生活方式是人为了生存和发展而进行的各种行为活动的模式，涵盖日常生活行为、学习、工作、休闲、交往、消费、娱乐、文化、政治、信仰等广阔领域；另一种研究认为生活方式应该聚焦于日常生活中的消费行为、闲暇时间、社会交往、家庭生活等领域，形成生活方式的微观概念（符明秋，2012）。设计学科以生活方式为设计对象，需要以新的角度看待生活方式（图 4-1），既要研究生活变化因素、生活习惯、文化传承等宏观层面，也要考虑个体行为、生活需求、心理变化等具体层面，以至生活方式的设计研究必须交叉社会学、心理学、消费管理学和设计学等学科。

4.1.2 生活方式构成关系的变化

　　日常生活是人在社会中生存和发展而进行的各种行为、生活状态的笼统表达，是生活的泛指，也可以理解为没有被定义、规范的生活。韦伯、凡勃伦以荣誉地位、闲暇生活明确清晰地表征区别于其他的生活状态，并利用人的攀比性和模仿性等社会化的手段形成"有闲阶级"的生活方式。生活方式形成的过程是心理认知和生活需求过程,心理认知就是隐性认知转化为显性认知的过程,将日常生活中感性和高度个性化的、非正式和非系统化的、难以直接清晰表达的内容转换为以结构化形式呈现的客观而有形的认识。生活需求过程就是对于新的生活期望,被当作人的属性和标签不断被社会认同和否定、重新定义与再产生。由于日常生活是一种不易解释清楚的状态,若要对其开展研究,就必须厘清其衍变的规律,了解其构成关系变化。

吉登斯认为"生活方式是日常习惯,将日常习惯纳入着装、饮食、行为方式和与他人相处的环境中。但根据自我认同的流动性,遵循的惯例可以自由改变"(安东尼·吉登斯,2015)。生活方式被定义为日常生活的一部分,是一种集聚的社会生活状态,由社会行为、社会共识和社会价值观构成,社会成员共同拥有,以风俗习惯、流行时尚、消费行为和集体观念等为表征,基于个体在社会群体交往互动的基础和背景(杨宜音,2012),成型的生活方式通过个体间的认同和尊重、攀比和模仿得以流行并传递。

虽然生活方式来源于社会个体的感知、参与和传递,但是以社会群体所共有的价值认同存在于群体消费行为、闲暇时间、社会交往、家庭生活的活动中,并影响群体内的每个成员(马广海,2008)。不同层次的社会群体有着不一样的价值认同,也就是说不同社会群体具有不同的生活方式。社会群体覆盖的范围越大,生活方式的影响力也就越大,直至影响整个社会。

在社会变革中,社会具有自我发展及自我完善的属性,使得变革中的社会呈现不稳定现象。人的认识暂时性不足,社会认同的不确定性使社会本质不显现、社会反应不充分,导致社会在此阶段处于失衡状态(雷洪,1997)。此阶段的失衡状态会导致社会关系、生产和生活反应强烈的现象,其影响作用清楚显现出来;相对而言,也会出现另一种现象,对社会影响较小,甚至是间接影响不易显现的状态。就其构成和客观展示的程度而言,社会生活现象有两种状态:一种是隐性的社会状态,社会现象复杂纠结,模糊的社会事实无法以数据度量,不易显示,例如社会关系、风俗习惯、社会凝聚力、个体地位、生活质量等;另一种是显性的社会状态,结构相对简单,易于显示,可以有准确的指标,并且是相对清晰的社会形态,例如GDP、商品数量、生活指数、人口规模、交通秩序等。在生活方式形成和发展的过程中,因应个体对生活感知速度、认同深度、传递广度变化而产生变化，这就导致生活方式的分类多样，既有受个体认知的流行时尚较明显、变动较快的生活方式，也有受文化结构沉淀较深层、变化缓慢的生活方式（王俊秀，2018）。生活方式中最为稳定的是社会文化结构，费孝通认为社会文化是根植于历史上众多个体、有限生命的经验积累起来的，孙隆基则认为文化是"深层结构"的集体无意识。

生活方式的构成包含着两个不同的方向：一个是生活方式趋向于动态方向，有实时性、动态性、直接性等较"表面性"，易被感知、被认识层面的内容，它是社会个体对于现实社会事实和日常生活的实时性的反映，它表现的是社会个体对于当前社会现实直接的认知状况和情感、情绪反应状态（马广海，2008），直接反映当前社会运行或社会变迁的动态；另一个是生活方式趋向于稳定方向，稳定的社会结构是社会发展过程中群体交往互动、文化生活过程中积累和沉淀，表现在行为规范、传统文化、风俗习惯、伦理道德和宗教信仰等社会深层内容。稳定深层的生活方式以一种潜移默化的方式影响和感染每个个体，成为每个个体内在的基因，在意识和行为中不自觉地遵循。

生活方式是流动着的，随着人的心态变化、社会的变化而变化，在这个过程中，既有变动较快的生活方式，也有相对稳定的生活方式（图4-2）。日常生活中兴起的时尚和个人价值观的部分认同，逐渐显现出具有一定规律、形式的生活形态，初步形成结构不稳定的变动性生活方式，外层的生活方式根据时尚潮流的周期更迭快速变动着生活方式，一些相对稳定成分的内化逐渐成为社会共识，阶段性生活方式得以形成。经过一段时间的沉淀，其中社会共识的稳定成分逐渐成为群体的生活态度和价值观，则形成长期性生活方式（王俊秀，2018）。历经漫长的社会实践和长期的生活经验积累，沉淀形成社会成员共同遵守的行为规范、传统文化、风俗习惯、伦理道德和宗教信仰等稳定结构的生活方式。基于上述分析，生活方式是日常生活的一种模式，其结构从动态向稳定方向发展，从外在表面性向内在深层方向沉淀，因此可将生活方式分为变动性生活方式、阶段性生活方式、长期性生活方式和稳定性生活方式四个层次。

生活方式的四个结构层次相互影响，是从外到内逐渐沉淀的过程，同时也是从内到外层

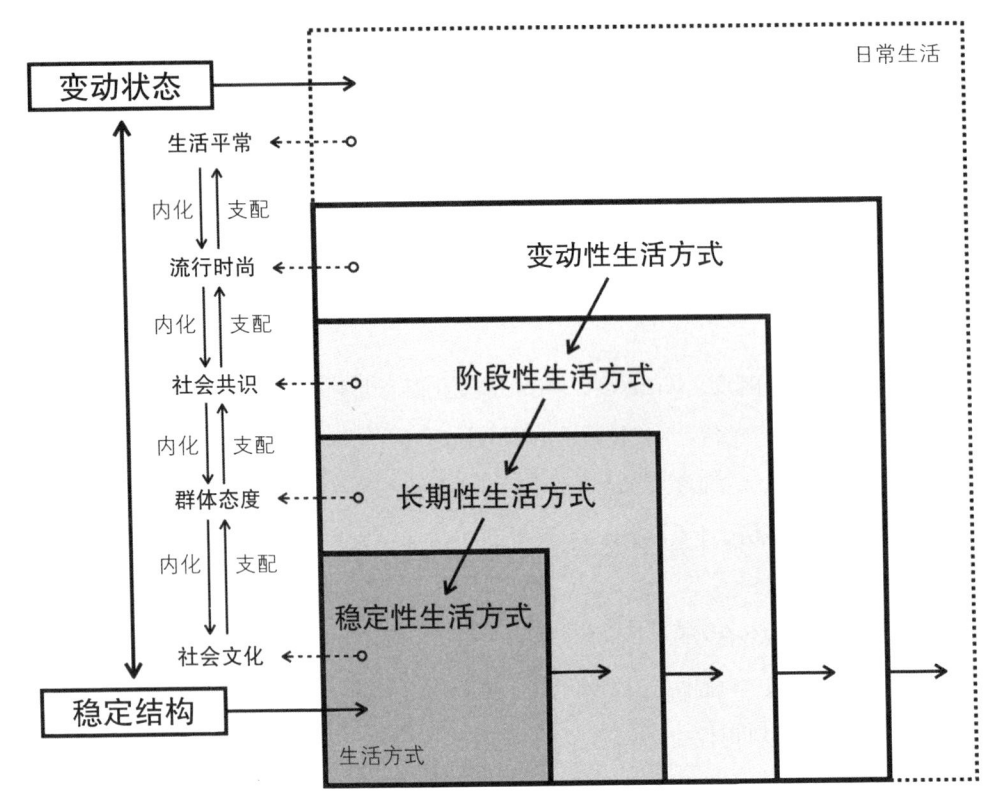

图 4-2 生活方式构成关系的变动
数据源：笔者绘制

层支配的过程。从最外层日常生活形成变动性生活方式开始到最内层稳定生活方式，通过生活经验积累将相对稳定的成分积淀为下一层的生活方式。与之相反，稳定生活方式由内至外以社会文化传承支配和引导长期性生活方式，长期性生活方式以群体态度影响阶段性生活方式，阶段性生活方式以社会认同影响变动性生活方式。所有的生活方式都会受到最深层生活方式的影响，但更多影响的是邻近的生活方式。生活方式的四个结构层次由外而内，内在化的过程由快到慢；反过来，从内而外的支配力逐渐减弱。

4.1.3 生活方式衍变的动因

在日常生活中，生活的变化需要内因和外因共同推动，缺一不可。内因即事物的内部矛盾，外因即事物之间的矛盾，对两者的研究是分析和认识事物的重要方法。内因是生活变化的根本原因，是生活自然状态存在的基础，是不同生活方式相互区别的内在本质（尹保云，2006）。外因是生活方式成型的外部条件，能够加速或减缓生活方式成型的进程，在特定情景下外因能引起生活属性的变异，对生活方式发展起决定性作用（管健，2009），但不管外因的作用有多大，都必须通过内因才能起作用。这一对哲学范畴适用于一个封闭系统，研究内因和外因的相互作用是认识和分析日常生活变化的重要方法，能够清晰揭示生活方式隐性与显性转换的一般性规律。

生活方式的衍变是社会变革的现象反应，是价值观与社会发展的整体性变化的映像。以冰山理论理解日常生活的变化，可以将日常生活看作一座漂浮的冰山，藏在水面下的生活的自然状态远远多于所看到的生活的社会属性（图4-3）。显露在水面上的是日常生活的社会属性部分，可清晰辨识及言语描述，能够被理解及社会认同，是日常生活被社会化转化为生

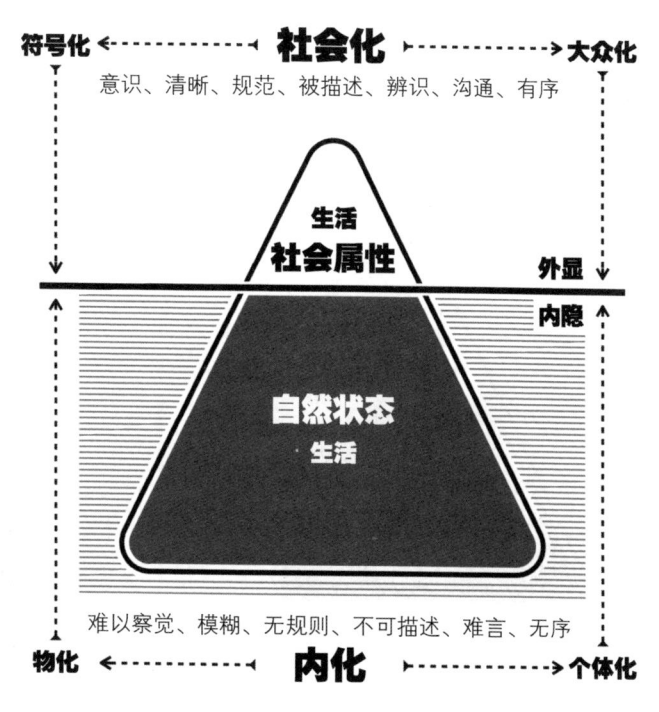

图4-3　生活方式衍变动因示意图
数据源：笔者绘制

第四章　生活方式的隐性与显性转换

活方式的部分。隐藏在水面下的是日常生活的自然状态部分，难以察觉及无法用言语表达、模糊和无规则，是个体的自然存在。

在生活演变的进程中，内部因素和外部因素的相向流动是生活方式和生活状态转换的原因（图4-4）。日常生活的外部因素指的是科学技术、商业管理、文化艺术、思想观念、宗教制度，等。这些外部的现代性因素大量地流入日常生活中，直接将模糊、无规则的生活状态变为结构性呈现的客观而有形的形式，使社会群体认同，是生活方式成型的决定性环节，是生活社会化过程。内部因素指的是个体和集体的无意识、个人生活经验。这些内部的因素大量地流入日常生活中，将生活方式内化为非形式化、普遍的生活实践，成为个体的生活经验和惯习。这种生活状态的回归，是无意识的和不知不觉的，超越了原初的自然状态和生活方式，

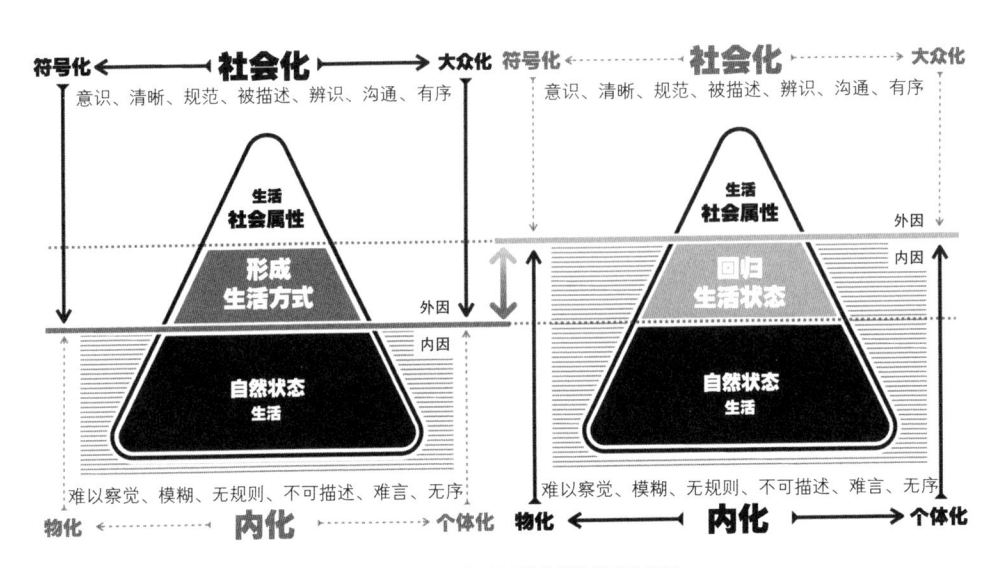

图4-4　生活方式与生活状态转换关系分析图
数据源：笔者绘制

是生活本质的一种升华。

生活形态的转变是外部因素的聚集与内在因素融合共同推演的，先是聚集，再是融合，没有聚集就没有融合，也就没有生活的衍变。同时，聚集过程就是生活方式构建新结构的过程，以各种技术性的连接将不同的甚至对立的因素结合在一起，不是简单堆积；融合过程就是生活状态回归过程，是社会个体生活需求更高层次的满足，达到自我认同、实现生活价值观的更高目标。

4.2 认知转换推动生活方式转换

4.2.1 生活的隐性与显性认知

从认知的角度，个体对于日常生活的认知是无意识、无规则的、隐性的，不能用言语表述或难以解释，是一种模糊认知；社会角度则认为日常生活没有形成社会共识和行为，社会价值观和生活态度未被社会成员共享，是"未阐明规则"的状态。由于日常生活是一种模糊不清的状态，若要对其开展研究，就必须对其认知从模糊到清晰，进行规则化和社会化，即要将日常生活转化为生活方式。因此，从认知角度看，生活方式可以是意识显现和需求实现的过程。就意识显现过程而言，生活方式是隐性生活向显性化生活转化而成。显性生活，是指能借助语言、行为、意识、思维加以描述的生活方式；隐性生活，是指只能意会、体验、感受而不能表达出来或"身在此山中""词不达意"的生活的状态。

对生活方式的研究路径遵循着认知研究的规律，认知的目的是努力客观地理解和把握物体的外部特征，探究内部本质和规律。通过以上研究，日常生活是人类理性和非理性活动的结合，是外在性和内在性的统一，是显性和隐性的结合。也就是说，生活方式也存在理性和感性、外在性和内在性、显性和隐性结合的属性。

（1）理性和感性

生活方式一般是以社会化、同一化的形式存在，如人们的购物消费、闲暇娱乐、交往互动等集体生活，反映的是生活方式的理性。感性生活方式是指个体的文化活动、家庭生活等个人经验的生活事实。

（2）外在性和内在性

生活方式是可视的、直观的外在形式，一种表征体系，通过个体和群体的语言、行为和价值观被彰显和感知。这种表征在一定时期成为特定人群共同的符号。生活方式同时还具有内在性，内在于人的主观创造和精神生活的价值观、道德观、审美观等方面。内在性受到行为习惯、经验背景、价值观、语言文化、逻辑规则、概念范畴等种种制约，建立在经验活动、文化背景与认知模式上。

（3）显性和隐性

生活的两种状态，显性指的是生活方式，隐性指的是日常生活状态，是直观生活的两种本质。隐性和显性是表达生活不同状态的概念，是在一定条件下以某种规则对生活的区分，因而两者有明显表征和结构的差异，但同时又是一个物体的两面、彼此不能分离的部分，互相依赖和相反相成，在一定因素引导下，二者也会发生转化。

因此，对生活方式开展认知领域研究应该是：从现象到本质、从局部到整体、从变动到稳定、从个体到群体、从显性到隐性原则开展。从心理分析角度对意识和无意识的转换剖析，探讨从个体认知与社会认同的关系、生活状态和生活方式关系、个体需求与隐性和显性转换的关系。

4.2.2 意识的隐性与显性认知

"意识"在《剑桥词典》中的定义为"理解和认识事物的状态"（Cambridge，2019）。在牛津的生活字典里"意识"的定义为"被了解和回应于人的周围环境的状态"（Lexico，2020b）。在韦伯斯特的《第三本新国际词典》里，"意识"的定义为"对内在自我的直觉认识，对外部对象、状态或事实的内向意识"（Merriam-webster，2020）。因此，意识是一种自我感受、自我存在感与对外界感受的综合体现，意识的基础是感觉、感知、思维（脑中所想事物）等各种心理过程的总和。意识是人对环境及自我的认知能力以及认知的清晰程度。

根据现代心理学的观点，意识就是"意识到"的认识活动。无意识，一般是指存储在人的经验中，无法察觉、没有意识到、无法用言语表达的心理活动。无意识的心理活动存在于日常生活之中，西格蒙德·弗洛伊德（Sigmund Freud）在精神分析理论中对无意识进行系统研究，他认为意识是人类理智的作用，无意识是生物本能的作用，是具有能动作用的。意识对未知的事物从发现、了解到掌握，完成了无意识到意识的转换，个体的意识也越来越完善（弗洛伊德，2004）。卡尔·荣格（Carl Gustav Jung）在此基础上认为存在第二种无意识，具有集体性、普遍性和非个人性的心理系统，在所有个体中都是相同的。这种集体无意识不是个体发展而是被继承（荣格，2009），它由原型组成以先前的形式存在，不属于个人的经验，也无法学得，是人类经验沉淀而成的，可以为某些心理内容提供确定的形式（杨治良、周颖、李林，2003）。在此之后，意识的研究就以意识、个体无意识、集体无意识为基础开展（图4-5）。

（1）个体无意识

弗洛伊德(2004)认为无意识是人的欲望不被接受而受到压抑，无法被察觉、被排挤或遗忘到意识之外，潜藏于内心深处，没有形成有意识的印象构成，成为一种不能意识的情绪经验。

（2）集体无意识

集体无意识是普遍存在人类心灵最深处的结构，人类生活经历和生命进化历程中的集体经验，超越所有文化和意识的共同基础。荣格认为集体无意识是人类思想感情的基本形式之源，是比经验更深的一种本能性，是先天的"直觉"原型，纳入特定的人类范型（弗尔达姆，1988）。

人将意识作为辨别和认识世界的工具，以区分事物的有用和无用、价值的高和低，区分自我认识过程中主体和客体、肯定和

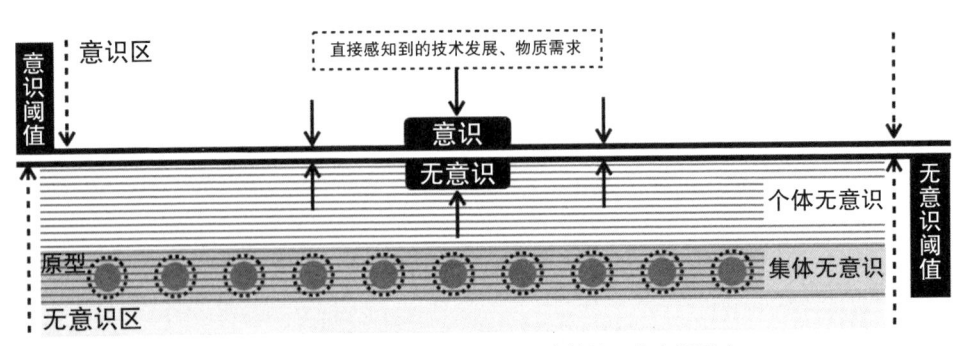

意识是可见的、显性的，个体无意识和集体无意识是隐性的，藏在阴影中。

图4-5 意识、个体无意识和集体无意识
数据源：笔者绘制

否定等，只有意识到的事物才能认识，并不自觉地屏蔽了不适当的和无价值的事物。因此，意识是显性的、能清晰察觉的、可以感知和掌握的，并对其进行下一步加工或改变；无意识是隐性的、被忽视和尚未意识到的、无法直接感知和掌握的，需转换为意识才可加工或改变。因此，无意识和意识转换是发现新事物的过程，也是一种创新过程。

4.2.3 情结冲突的意识转换

意识和无意识转换过程中，需要中介物的推动。荣格认为意识和无意识会因个体认知的成熟不断变化，在一定条件下能够相互转换，通过"情结"的冲突将意识部分内容沉淀进入无意识和集体无意识领域，无意识部分内容上升进入意识领域。埃里希·弗罗姆（Erich Fromm）也认为可以通过存在于社会意识和社会无意识间的"社会过滤器"，以语言、逻辑和社会禁忌三种途径将无意识部分内容转化为社会意识（范文杰、戴雪梅，2009）（图4-6）。

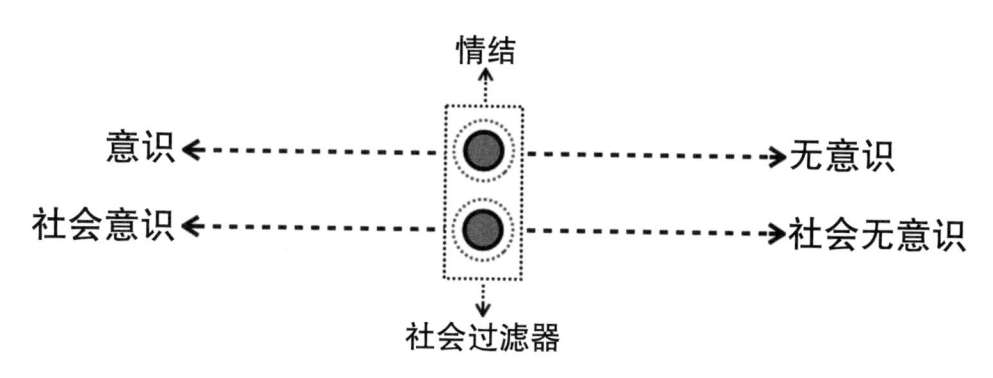

图4-6　意识和无意识转换的中介
数据源：笔者绘制

赫尔巴特（Herbart）认为现实观念状态和被抑制观念状态之间是存有感知的边界"意识阈"界限，也是意识和无意识的意识阈边界。要实现意识和无意识相互转换，必须跨过这道意识阈界限，才能从完全被控制的状态进入一个现实的状态（杨治良 等，2003）。也就是说，一个心理现象被力量较强的观念排挤、抑制和遗忘在意识阈之下，从清晰、认识状态转变为模糊、未察觉状态，成为无意识。依据赫尔巴特的观点，认为观念及各种心理活动归结为动态变化的。原已被抑制在意识阈之下的观念在一定条件下，受到某些意识的吸引，突破意识阈的界限重新呈现在意识之中（胡万年，2009）。这说明在一定情景下观念可以突破"意识阈"的边界，转入意识阈界限成为意识，转入无意识阈界限则成为无意识。

由此可见，突破意识阈的限制，是实现意识和无意识转化的关键。弗洛伊德以分析"梦"来研究无意识，荣格则以"情结"研究意识和无意识的关联，突破意识阈的压制（约兰德·雅各比，2017）。荣格认为，情结属于无意识的，但在特定情景中，外因和内因的共同作用下意识阈的波动产生情结的爆发，意识阈的界限产生断裂，意识和原型进入情结中并发生碰撞，完成意识和无意识的转换（图4-7）。

情结产生一般是由生活的深刻经历造成的，且不同的情结来源于不同的原型。所以，情结的形成有后天经验所积累的外因，又有与生俱来的内因。这表明情结由两部分构成（约兰德·雅各比，2017）。第一部分，由生活造成的意象和痕迹，在经历丰富的人生过程后，总有深刻记印在脑海中的，也有遗忘的部分，还有不愿提及的部分，而遗忘和排挤的经历在某个特定情景是可以被唤醒的，这些意象和痕迹是无意识的。第二部分是原型，原型是先

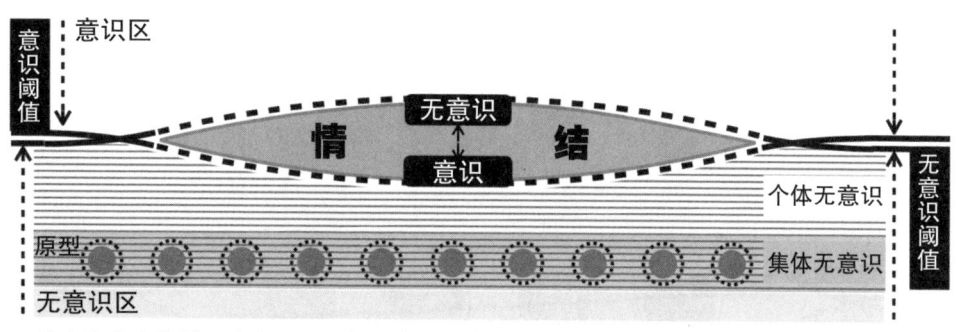

外在和内在的诱因冲击心灵，意识失控，情结爆发，意识阈值塌陷，无意识越过意识阈值进入意识区域。

图 4-7　意识阈波动产生情结
数据源：笔者绘制

天的、遗传的心灵倾向性,某种历史或文化的模式中的原型经验(弗尔达姆，1988)。在荣格的心理分析框架中，原型是深埋在集体意识中的与生俱来的通用的思想原型，可用于解释和观察结果。就结构而言，每个情结包含的无意识思想、思维模式、形象等都是基于某个意义，而这个意义核心本质上和原型为核心形象有关。自我就是以本我为原型核心发展出来的。

情结由于是某种经验和综合了集体无意识原型，通常是无意识的，因此受到外在和内在的诱因刺激，会产生直接、特殊性的反应与意识发生冲突，情结的大小因刺激的强度而变，活动曲线具有波浪形的特征。情结冲突发生与结束的过程，可以使个体生活经历更丰富，对自我和客观世界认识更深刻，也是意识和无意识转化的过程。因此，情结成为创新灵感和创造力的源泉。

在生活方式的研究中，已经明确生活方式的形成与人的意识相关。从生活方式的形成和回归生活状态转换的模型结构看，与意识和无意识转换的模型结构对比发现,在认识角度上是同构的，即生活方式的显性和意识的显性、生活状态的隐性和无意识的隐性在认知角度是相一致的，都可以通过特定的手段进行转换。

个人的生活状态不会是静止而固定不变的，它会受到社会变动、技术进步等外因的影响，也会受自我认知和价值观等内在因素的改变，因此，人的心理会发生波动。一旦被外因和内因刺激，情结被触动，强烈的情绪就会影响人的心理和行为，包括认识、

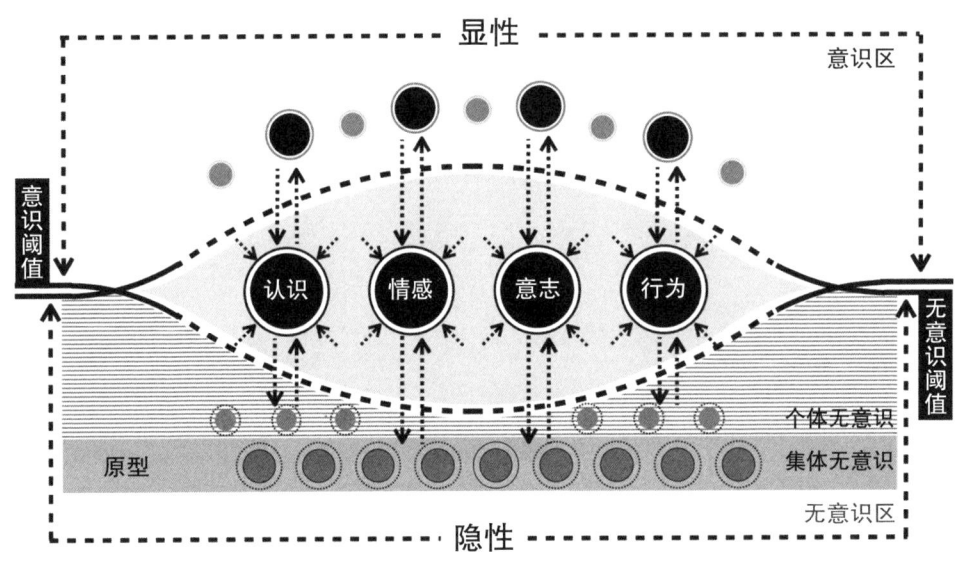

图 4-8 情结冲突—意识与无意识转换

在情结中，意识对进入的无意识进行"修正"和"重构"，完成自我的完整。这个过程就是意识和无意识转换过程。这是自我升华过程，也是对生活的重新认识，使新的生活方式形成。

图 4-8　情结冲突—意识与无意识转换
数据源：笔者绘制

情感、意志和行为。

情绪的强度会导致情结爆发的结果不同，有两种表现。一种是情结爆发程度强烈，深埋在集体意识的原型完整投射到情结中，抢夺了意识的控制权，心理与行为为情结所占据和控制，以致不能理智地表现本来的自己，产生对原型极端认同心理。同样，意识也会沉淀到集体无意识中，成为一种原型。另一种是情结爆发程度适中，意识和无意识共同作用情结，情结支配的心理与行为，自我认同于某个社会角色原型，会将日常生活需求和欲望与社会原型结合，在认识、情感、意志和行为上仿效（图4-8）。同样，下沉的意识会融入集体无意识中，完善和修正原型。因此，使无意识的情结暴露在意识的自我面前，有意识地进行"修正"和"重构"情结，完成自我的完善，可以更清晰地意识到生活需求动机，更为客观地了解日常行为。

有意识与无意识进行相互渗透、积极交流，情结就可以为意识自我所涵纳，这就是个体对自我需求和发展的全面了解，自我的升华过程也是对生活方式显性化的认识。

4.3 需求转换推动生活方式转换

4.3.1 需求改变生活方式

需要是生存所需的基本需求，一种安全、稳定和健康的生活所需要的东西（如空气、水、食物、土地、住房），除了基本需要，人类还具有社会交往或社会属性的需要。需要可以是生理的和客观的，如身体对食物的需求；也可以是心理的和主观的，如对自尊的需求。在日常生活中，欲求往往被认为是某种情感的愿望。在理论研究中，"需要"与"欲求"是不同的，"需要"是生存所必需的东西（如食物和住所），而"欲求"仅仅是人们想要拥有的东西。在经济学中，"需要"与"欲求"被认为是需求（Demand）总体概念的两个示例。

需求来源于个体与生俱来的生存所需和发展自身，是个体对客观事物的需求和欲望的外在呈现，是一种主观心理对于事物、社会状态、价值理念和生活方式等的情感与意志。从生理角度理解，需求是一种客观刺激，是驱动人去做某事的基本力量和生活改变的根本原因，是来自人类感官作用于人脑而导致的缺乏状态。从心理学角度理解，需求是指个体意识与无意识之间情结冲突的失衡状态，为了解决冲突，需求成为意识和无意识转换的动力，需求是动机产生的基础之一。

需求是生活变化的直接原因，是社会不断进化的推动力，是随生存和发展而产生的一种要求和欲望，是一种达成目的的动机，是属于自发性的行为。经济、社会、技术等外部因素的发展，推动需求认知、需求目的、需求结构和需求层次随之变化，目的是实现需求的满足。满足需求的过程，是追求社会和个体的价值体现，完成生存和发展的过程（刘连连，2009）。可以将需求当成一种认知去理解，那就是人对生活现状满足度的一种心理感受。由于人的满足状态是变化的，会因心态、地位、环境、消费等因素变动，因此满足是可以通过社会活动来实现或打破的，也就意味着通过对心理感受的满足状态调节，能够对需求进行引导、传递和创造。

需求是可以创造的。基于对需求内涵认识的不同，心理学家亚伯拉罕·马斯洛（Abraham Maslow）在 1943 年提出了广为人知的需求模型，即生理需求、安全需求、社会归属感、自尊、自我实现和超越（亚伯拉罕·马斯洛，2014）。人们具有不同层次的心理需求，范围从基本的生理和安全需要到更高层次的需求，并以此为生活的目标来满足基本要求，然后才能实现对归属感、自尊、自我实现和超越等更高层次的需求，让生活变得有意义。每个个体都具有自然力和生命力，拥有不同的禀赋和能力，必然表现自身内在的欲望，人的需求内容越丰富，其活动就越多样化，以至个体生活目的和价值观的差异就越大，形成复杂多元的需求类型。因此，认知、经验、习惯、生活方式、价值观、社会群体和社会背景等的不同，必然导致需求的差异。

人的需求层次和种类是相互交融的，具有一定顺序和层次的多层且复杂的结构系统，不但存在不同的级别，而且每个级别都按照循序渐进的规律并根据不同的分类标准按顺序逐步遵循（卢政营，2007）。在日常生活中，人们最基本的衣着、饮食、住所和生活需求以及寻求满足发展的需求，不仅包含社会发展和交往活动的社会属性，还在形式和内容上带有明显的时间和文化的特征。需求以生存为内在的需要，驱动个体的基本生理和安全活动，以发展为外在的需求，受社会的规模效应、流行趋势的影响。需求的攀比效应和虚荣效应直接影响生活方式的变化，需求随着社会环境变化不断变化。

4.3.2 需求的逻辑转变

由于在一定的社会环境，在一定的生活阶段，个体行为存在一定的必然性和规律性，作为行为的动机——需求是可以被认知和预测的。需求始终和人的认知相关联，人产生需求就是对生活认知的开始。需求是期望和现实之间认知差距的心理状态，这种缺乏状态导致主体意识产生行动目标，需求指引平衡的方向：认知非平衡状态，以情感、意志和行动获取期望和现实之间的平衡，即实现需求的选择和获取，通过行动填补差距，这个过程就是动机产生的根本原因。生活过程就是个体对客观事物的需要和期望过程、从缺失到拥有、从失衡到平衡状态的过程，个体的主观意识起决定性的作用。

日常生活中，所经历的事件会因认知意向转换而变化，是从模糊到清晰、从无形到有形的过程，它由隐性、不明确的需求和目标清晰的需求共同组成。从意识层次的角度深入挖掘和分析，需求可分为有意识需求和无意识需求，一类是需求主体有意识生成和满足，从调研中直接具体表达，即显性需求；另一类则是需求主体无意识发现，难以直接表达，而是通过需求挖掘、分析和推导产生，即隐性需求。在需求的冰山中，显性需求占十分之一，隐性需求占十分之九（罗永泰、卢政营，2006）。

显性和隐性需求对生活形态的衍变有直接影响（图4-9）。显性需求是主体已经意识到缺乏状态的存在和差异，能清晰察觉并明确清楚表达需求对象，有明确填补满足的对象或方法的心理意向，显性需求是日常生活中明确的一种需求。当需求明确化形成显性需求，成为社会的生存需要、社会大众的现实需求，构成生活方式的主题和基本组成部分；同时，显性需求也是社会对美好生活的共同期望，推动社会的发展，构成生活方式的更高层次和发展趋势。隐性需求是对缺乏状态尚未意识到，存在于基本需要和欲望满足之间的中间状态，是现阶段物质化的生活状态，未

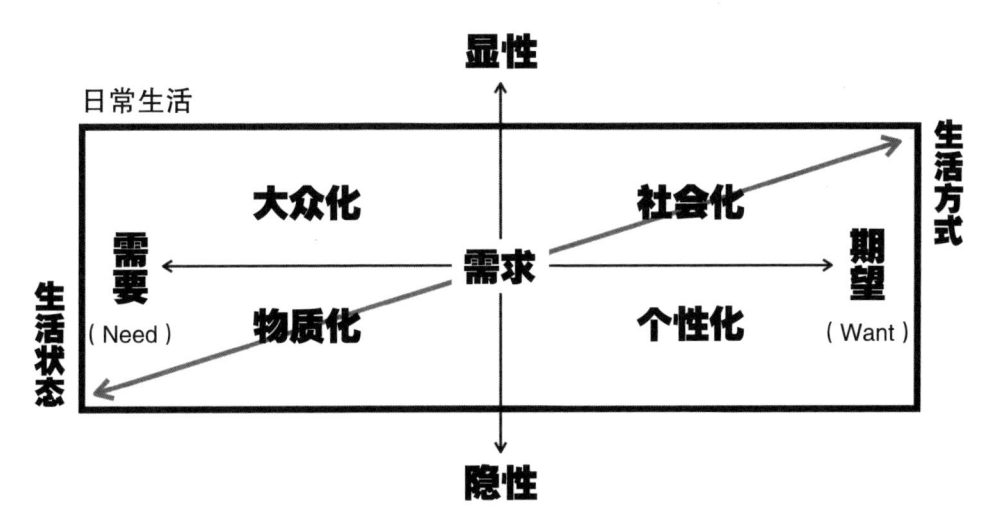

图4-9　显性和隐性需求驱动生活衍变
数据源：笔者绘制

形成生活方式，无法清晰准确表达心理意向，也没有明确的需求对象的心理状态；同时，隐性需求也是一种不能够准确清楚地描述的一种需求，或是"未阐明规则"的高度个体化的一种生活态度，属于更高层次的生活状态，在不经意的行为中表现出来。隐性需求只有在一定刺激的作用下才能转化，并需经过分析和挖掘才能显现。

4.3.3 物的价值逻辑转变

经济学范畴认为消费是为满足需求或生产其他商品来消耗商品和服务，属于社会再生产的最终环节，是生活中不可或缺的活动，是对物质和精神需求的满足。传统的消费逻辑认为，物是因人的需求而创造出来的，是由功能和结构构成的，通过生产获得使用价值，并通过使用的交换价值而流通，使其成为商品，最后通过消费活动满足人们的各种需要。让·鲍德里亚（Jean Baudrillard）却认为，在物质极度丰盈的社会中获取、使用、处置物并不是消费的全部，只是交换的必要条件"功能性"的满足（让·鲍德里亚，2008）。马尔库塞（Marcuse）在《单向度的人》中分析消费，认为在消费活动过程中，通过意识的投射，在各类型商品和服务中能找到自我的形象（赫伯特·马尔库塞，2015）。在日常生活的消费活动中，从表象上看，以随意消费和任意购买满足不能抑制的消费欲望和冲动，同时形成"个性化"的消费形式，以展现对社会地位和声望的强迫性寻求。但实际情况恰恰相反，消费需求不是根据自我需要而产生，而是根据生产和社会关系的需要借助于消费社会逻辑强加给了主体。在消费社会，作为主体的人的价值逐渐被商品价值取代，消费过程不仅是功能需求及个性化的满足,更重要的是获取社会认同和自我认同,以完成自我价值的体现,因而只有通过不断地满足消费需求才能证明自己的存在,找寻到自我。可见,需求不是天生的,是社会系统建立的,被消费的不再是物品,而是关系本身。通过对系统关系的消费,人完成社会地位和身份的自我认同,建立人与物之间以及人与群体和社会关系的主动模式。因此消费社会的消费逻辑就是建构社会生活方式的逻辑(图4-10)。

在这种消费活动过程中,消费的对象从物转变为符号,并逐渐地转化为生活方式,消费者关注生活方式背后所折射的身份、地位、情感、个性、文化、习惯,即通过这些符号意指生活方式所蕴含的"价值"和"意义"。符号消费不再是为了吃饱穿暖的基本需要,更期望的是物带来的体验和服务、环境和仪式、身份

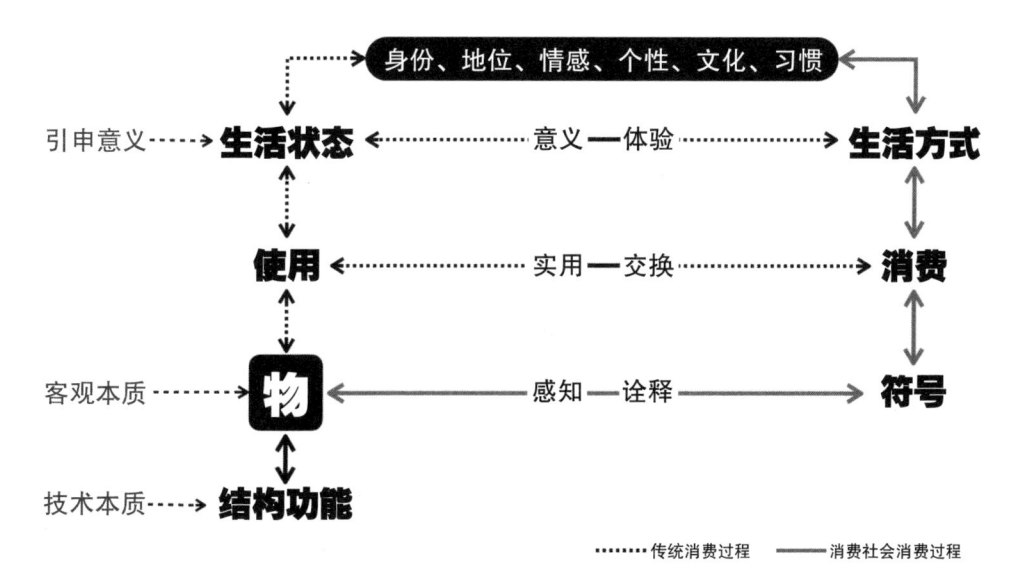

图 4-10　两种消费路径的对比分析
数据源:笔者绘制

和地位等社会关系，也包括个体的自我价值的实现，消费活动直接参与社会关系和交往互动的建构。

消费需求的逻辑在变化中：物的生产逻辑，对应的是生产与需求；商品的交换逻辑，对应的是交换和使用价值；符号的价值逻辑，对应的是能指和所指（图4-11）。当下的消费不再是物、商品本身，而是符号。通过符号的能指和所指，消费的是人与物之间的关系结构，消费对象从物质转向了情感、体验和服务，甚至生活方式也成为消费的对象。这种关系已经延伸到生活的所有层面中，而最终又都还原为消费物。

鲍德里亚认为要成为消费的对象，物品必须成为符号。卢卡奇·格奥尔格（Georg Lukács）在《历史与阶级意识》中指出，消费社会中被物化的不仅是人和人之间的关系，还包括主体和自我之间的关系（卢卡奇，2009）。由于物与主体的相互作用，社会个体的个性与消费中物的特性具有同构性，人从内心深处认同消费社会的消费逻辑。日常生活中复杂的关系问题转译为物品间关系问题：在交换价值过程中，人与人、人与群体之间的社会关系，

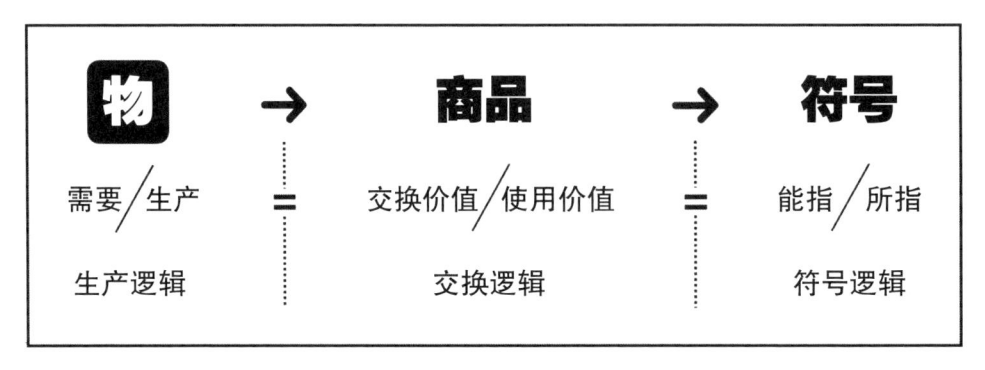

物	→	商品	→	符号
需要／生产	＝	交换价值／使用价值	＝	能指／所指
生产逻辑		交换逻辑		符号逻辑

图 4-11 消费需求的逻辑演变
数据源：笔者绘制

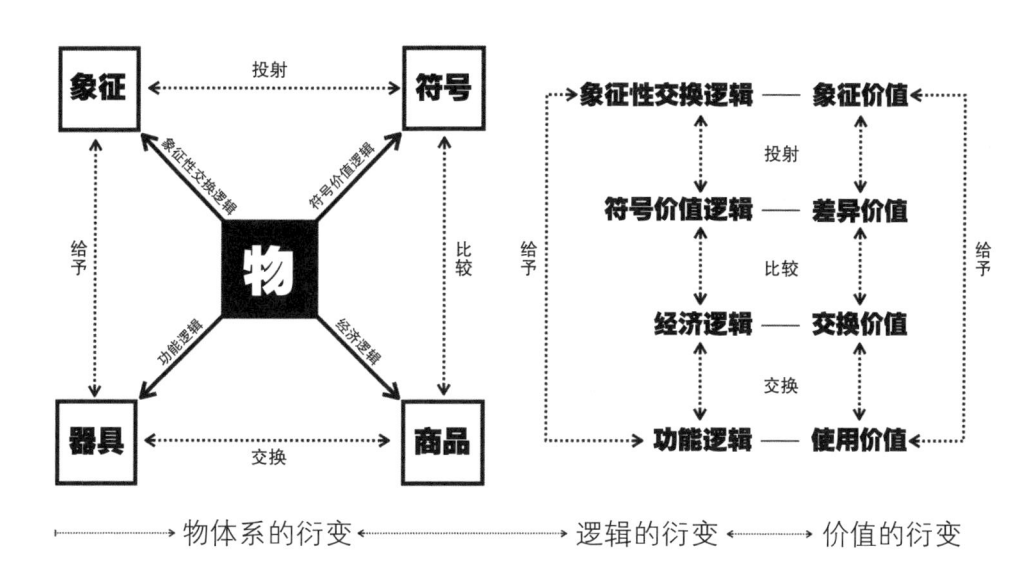

图 4-12 物的价值衍变
数据源：笔者绘制

被转变为物品间的关系；同时个体对需求的想象也被转变为物质的丰富性。因此，物的价值不再是以物理性展示，应该是社会关系的编码，物的价值判断不再以实用和有用为标准。鲍德里亚重新解释并且划分了物的价值逻辑，分别是使用价值—功能逻辑、交换价值—经济逻辑、象征价值—象征性交换逻辑、差异价值—符号价值逻辑（让·鲍德里亚，2015）（图 4-12）。

物在价值逻辑中可以同时有不同的价值体现，所对应的分别为器具—使用价值、商品—交换价值、象征—象征价值与符号—差异价值。物以有用性成为器具，以功能的等同交换价值成为商品，以比较和差异使商品成为符号，以情感、意义的投射使物有象征价值。由此可见，物能被消费，并不是有用性、商业性和象征性，而是符号性。因为符号是携带意义的感知，意义必须用符号才能表达（赵毅衡，2016），物在形式和表面上是实体，本质上则是指涉意义，物所携带的情感、身份、文化等意义必须转换成符号才能被感知，通过符号间的差异被识别。消费就是将没有意义的物赋予意义，加工和编码成为符号，通过传播达成符号价值共识，从而建构物的价值体系。消费的符号化导致需求和物的价值都产生异化。物的交换价值转化为符号价值，物呈现的是社会关系和文化体系。生活是对社会关系、交往互动和文化意义的消费需求，体现"自我价值"及获取地位和身份的过程。消费的对象不是物的有用性，而是一个符号系统。

在数字社会下，人造物也演变出数字物，一直被认为是理性的工程学或数字信息领域的现象，传统哲学理论主要局限于对自然物的理解，对其物性与存在状态却鲜有讨论，因此不能解决关于数字物的问题（许煜，2018）。以现象学的本质还原方式对其认识：就技术层面而言，数字就是数据，信息也是数据，一切都是技术性的；就认知层面而言，数据是一个对象，能够被生产和使用，可以被操控，被赋予活力。因此认定数据是可以产生价值和意义的，能够作为消费对象来处置。数字物的出现，让生活内容和目标的改变成为可能，同时也导致需求的平衡再次失衡，生活方式的衍变也悄然发生。

4.4 数字技术推动生活方式转换

"数字"一词起源于拉丁语"Digitalis",作为记录或存储信息的载体。在数字技术中,"数字"指的是二进制数系统,作为一系列的数字 1 和 0,被用作数字计算机的主要逻辑,计算信息最基本的单位为比特(Bit),与连续性相反,数字化是离散的。

数字化是将信息转换为数字(计算机可读)格式的过程,其结果是通过生成一系列描述离散点或样本的数字,来表示图像、声音、文件或仿真信号等,这结果称为数字可视化。尼葛洛庞帝(Negroponte)在其著作《数字化生存》中指出从原子到比特的变化是不可逆转且不可阻挡的,认为所有可以数字化的事物都将被数字化,即通过数字化将各种物理或仿真操作转换为数字数据系统的操作,尼葛洛庞帝将数字化定义为一种生活在数字技术和数字化文化中的概念(Negroponte, 2017)。因此,数字化不仅指建立在二进制结构之上的基本技术方面,还与哲学数学系统相关,目的是数字技术对人类社会的影响。数字化生存是一种以数字信息为基础的生活状态,有别于传统的思想与行为模式。数字技术全面渗透社会的各个层面,延伸和超越了当下的工作、学习、生活、交往、消费等方式,带来另一种生活体验,构建了数字化的生活方式(Dufva, Dufva, 2019)。随着生活环境的数字化,人类的思维、生活、文化也会随之改变,可以从文化和社会的视角来审视与"数字化"相关的现象,对未来生活方式进行广泛而多样的预测。

数字技术——在计算能力、算法、数据等核心因素不断迭代和推动下,数据的输入和收集通过嵌入各处的传感器和无处不在的摄像头,使事物(如道路、家具、手机、玩具等)本身成为感觉器官,以听到、看到、闻到及感受到等方式收集附近所有事物的信息;输出是对物理(汽车、房屋、器官、建筑等)对象的控制。整个自然的环境都已成为数字数据的一部分,变化的一切(生物、机器、自然现象)都会产生数据,所有这些数据都受到监控,并在可能的范围内对其进行控制。人的感官也将被改变,将以无所不在的感官增强感知世界。新的消费需求和应用场景在数字技术下融合应用,加速推动消费升级和社会创新,从而重新定义数字化生活方式(腾讯研究院, 2019)。

数字商业——数字技术正在改变经济的模式,利用数据来决策,提供前所未有的便利选择和附加价值,以更高的效率发现和解决问题,为商业活动提供新的见解来优化流程及做出更明智的决策,从而改变商业模式。在"永远在线"的社会中,个人、企业和社会都在实时联系,创造一个更加协作、更加智慧和响应更快的多维联系(吴斌,2011)。商业数据的收集与分析使企业更准确详细地获取使用者信息,提供定制化、个性化的商品和服务,从而最大化地满足个体消费体验需求,更智能、更互联的商业模式正在改变数字化经济的可持续性和效率。

消费者——数字技术的发展赋予消费者感官、肢体和意识的延伸和扩大,消费被重新认知及注释,消费活动得到指引和控制。消费者更主动深入地参与消费活动,与商家形成多维的互动,需求从被引导转向主动形成。消费过程更加注重情感化、个性化、差异化的体验,这也使得共享经济、数字消费、出境旅游等新的消费理念变得越来越流行;注重实体产品的实用、质量和个人喜好;对于流行和网红引发的美妆、鞋服、电子产品等时尚趋之若鹜。新的消费观推动消费者从群体转变成单体、多样化的消费需求以及数字化的生活方式。

数字技术、数字商业和单体消费者都是导致日常生活变化的重要因素。因此,洞悉生活边界的延伸、个体的细化和生活日常的量化,才能辨析需求隐性和显性的转换,发掘独特的设计创新。

4.4.1 技术拓展生活的边界

数字技术推动了人和数字的融合。数字技术在日臻成熟的今天,其内涵与外延逐渐拓展,数字技术开始对人的意志和观念产生深层影响,个体间的体验在数字技术主导下重塑。数字技术的发展赋予人的感官、肢体和意识的延伸,社会参与能力更强,对社会各方面掌控能力加强(朱春艳,2013)。在人类技术近代史中,人与技术关系分为三个阶段：文艺复兴到工业革命时期的手工技能是人与技能融合；机械时代的机器技术是人与技术的分离；数字时代是人与数字技术的融合（图4-13）。通过三个阶段的比较，能够发现数字技术和以往的技术有着本质的差异。

（1）手工时代——技术成分

手工劳动是指人做体力工作的活动，是最基本的体力劳动，是利用身体或工具从事工作。身体是人最早利用的体能和技术，虽然是最原始的利用，但也是最直接改变物体状态的能力，是人控制物体的能力（林德宏，2003）。手工技能是人手使用工具的技能，属于个人的生活经验，是非标准化技术，难以形成标准，无法用语言文字记录，需言传身教，它是人的隐性知识，而不是可以传播的显性知识。手工技能没有固定不变的章法，不同的人用相同的手工工具，结果可以千差万别。因此，关键因素不是工具，而是人的技能经验。由此可见，手工技能是在不断实践中积累而成的，受环境和经验制约，属于一种技术成分（许煜，2018）。手工技

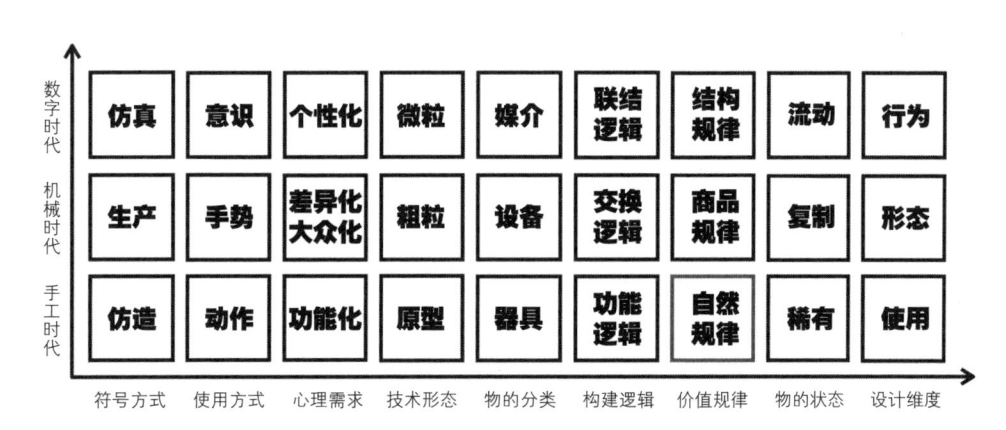

	符号方式	使用方式	心理需求	技术形态	物的分类	构建逻辑	价值规律	物的状态	设计维度
数字时代	仿真	意识	个性化	微粒	媒介	联结逻辑	结构规律	流动	行为
机械时代	生产	手势	差异化大众化	粗粒	设备	交换逻辑	商品规律	复制	形态
手工时代	仿造	动作	功能化	原型	器具	功能逻辑	自然规律	稀有	使用

图4-13 人与技术关系的三个阶段
数据源：笔者绘制

能是隐性知识的一种，个体独立拥有，由于个体与技能融为一体，个体会不断使用认知、感觉、想象、行为等改进技能及运用技能创造全新的独特事物。因而，手工技能是拥有个性的技能，是一种人性的技术。

（2）机械时代——技术个体

机器大规模的应用加速了人类从手工劳动转变为机器劳动，是近代社会诞生的标志。人类真正意义上的技术是从近代技术开始的，手工技能是"生理性技术"，机器功能则是"机械性技术"（林德宏，2003）。以语言、文字、公式、图像表达机器的功能，不需意会。机械性技术成为一种显性的知识，开始以知识的形式存在，能够大规模传播。机器作为人使用知识创造的物，使人的认知大幅提高，对原来经验积累的隐性知识广泛地转换，成为可以传播的科学技术。机械技术成为人面对客观世界新的物，人的价值被技术取代，从而改变了人与技术的根本性关系，人成为机器运作的部分，失去了自己的个性和技能（让·鲍德里亚，2015）。技术以机械的形态和知识独立出现，能够相互组合生成更复杂的功能，成为技术的个体，形成可以自身发展的逻辑体系。人越来越重视技术的价值，同时，人的价值的另一种形式就是忽略技术的价值，以展现人的存在。

（3）数字时代——技术融合

近代技术使生产机械化，数字技术则是使生产和生活逐步智能化和信息化。以智能和信息为标志的数字技术更新了人的意志和观念，重塑了认知，再次改变人与技术根本性的关系。数字技术以一切皆可量化的方式，将传统社会转换为数字化，过程中保留部分机械性技术的因素，继承手工技能个体化的特点，使隐性的个体技能经验以数字化成为个体化的显性技术，同时保留了经验技能特点。数字技术以物、数据的显性形态存在，具有一定的独立性；也可以是一种个性的、富有人性的技术隐性存在，与人不可分离。智能技术赋予个体的具身性认知延伸了人的意识，使人有能力实现自我价值，不再像机械时代成为技术的附属。在数字技术推动下，人与技术开始融合，数字信息成为新的生产资源。

今天没有人再认为高度依赖智能终端或者沉迷于网络游戏的人生活在虚拟世界了。虚拟现实、人工智能、数据挖掘等技术的引进与融合使得生活内容和方式不断变化，把人带入真实的虚拟。这是另一个世界——一个陌生的世界，既是人为的，也是自然的，与过去所说的"真实世界"同样复杂，而且更重要的是，这个数字世界与现实世界相互交融，也导致人与物的同构、认知能力的大幅提升，以往无法感知、辨识的事物成为生活对象，生活的边界得以拓展。

4.4.2 数字技术细化生活的个体

微粒社会是指数字化时代，数字解析细分社会，形成细小的社会微粒，如在显微镜下观察一样，个体数据清晰可见、易于识别。每一个社会微粒都是独立存在、相互不同、相互连接，个体数据能够被精确掌握，从而形成以个体为单位的社会形态。

在粗粒社会下，通过对大量事实调研分析和总结所形成的东西，被人们普遍接受成为原理和规律。由于研究对象是个体的集合，研究目的是群体成员都能应用，因此最终提炼总结的是事物共同的属性和规律，"个体化"的特征在此过程被同化了，也就是说群体的特征取代了个体的特征，粗粒社会的个性化只是不同群体间的差异化。

进入微粒社会，个体化的呈现通过数字技术收集和分析数据变得容易和简单。数字技术收集和分析事物数据的过程，称为"量化"。《柯林斯词典》对"量化"的解释是："通过数量来衡量"。将一些不具体、模糊的因素用抽象的数据表示，从而达到分析比较的目的，用数字形式呈现对象的各个维度的特征，用数据可视化给出结果，并描述或揭示事物现象的特征、相互作用关系和发展趋势，微粒社会的个体化特征是通过量化显现的。微粒社会是高度解析，不再关注平均值，因为个体微粒化了：提供了一个高密度、更详细的认知。在计算机科学里，粒度指的是解析的程度，粒度越低说明精确度越高，而正是伴随着粒度的一步步降低，个体也正在一步步进入一个精确解析的生活。

量化就是跟踪个人的日常生活细节以查找模式或确定因果关系的方法，将一些习以为常、无法清晰辨析的具体事物用抽象的数据来表示，借助现代统计学和数学的方法，从而进行定量分析和比较的事物分析方式。在 2007 年，《联机》的编辑格雷·沃尔夫和凯文·凯利提出"量化自我（Quantified Self）"理念，核心是"通过自我追踪实现自我认知"（Wolf et al.，2020），也就是借助科技手段记录自己日常中的各项行为、认知、情绪和社会的变量，作为优化生活细节的依据（表 4-2）。本质上是使用量化数据促进个体和环境相关意识的实践，将收集的相关信息转化为数据，为行为改变和社会微粒化提供潜在动机，将意识专注于习惯、无意识行动和过去未察觉到的模式。这些数据会直观准确地影响个体的行为决策与社会思维，而非依据主观经验和感受做出行为判断，实现行为的精准化和理性化，成为揭示事物具体细节的方式，帮助了解未知问题，实现自我发现、自我了解、自我进步。同时，量化个体生活也是企业商业决策和社会行动分析大数据的来源。

这是一种对认知、需求、消费和日常生活的运行规律进行"量化分析"的挑战，"单体"的价值被充分发现和重视。数字量化结果告诉我们，每个人、每个物体、每件事情都是不同的，拥有独一无二的个体化性质、特征、相互关系、变化趋势。以前那种

表 4-2　量化跟踪的类别和变量

量化类别	量化变数
身体活动	里程、步数、卡路里、重复次数、集合、代谢当量（MET）
饮食	消耗的卡路里、碳水化合物、脂肪、蛋白质、特定成分、血糖指数、饱腹感、份数、补充剂量、美味、成本、位置
心理状态和特质	情绪、幸福、刺激、焦虑、自尊、抑郁、自信心
精神、认知状态和特质	智商、机敏、专注、选择性/持续/分散注意力、反应、记忆力、表达、耐心、创造力、推理、精神运动警惕性
环境变量	位置、建筑、天气、噪声、污染、混乱、光线、季节
情境变数	上下文、情境、情境满足，一天中的时间，一周中的某天
社会变量	影响力、信任、魅力、效率，当前在小组或社交网络中的角色/状态

数据源：笔者整理。

平均化的统计是非常粗糙、概括的，事物各个维度的特征都可以被记录和量化，纳入算法，事物将完全被个别化、单体化，隐藏的差异纷纷呈现。伴随着解析越发精确，平均值的概念不再有意义。

由于被微粒化，原本关系链不复存在，取平均值的方式过于概括，不足以或者说无法精确表达个体特征，对微粒社会的个性化设计决策提供不了支撑。事物隐藏的属性和特点被挖掘出来，连接就需要对其重新定义，建立逻辑关系实现重构，以至社会从群体圈层向单体互连演变。每一个微粒都是独立的个体，彼此间存有距离和空隙，产生连接的需求。人、物、社会通过更细化、精准的连接衍生出新的关系，每次新的连接就是一次重组，是一次新的体验，为创造新的数字生活意义提供可能（陈炬，2019）。新的连接以数字科技为手段，以新的叙事结构赋予独特的体验感受满足单体的需求与欲望，创造一个新事件。因此，新的连接推动了商业模式、生活方式和社会形态的变革。微粒社会的改变主要是在于人群的单体化、操控的精确化、连接的多样化。

4.4.3 数字技术量化生活的日常

数字技术已经无处不在，并成为日常生活的一部分。几十年前就被科幻小说描述的未来生活现在是理所当然的，如智能机器人、全球通信网络、虚拟现实等。数字技术使人能够以全新的视角和方式观察、度量世界，整个社会被数字技术分割为更细小的单位，一切都以数据的方式被记录、追踪、分析、管理、预测和控制，因此出现一个比以往更加精细、精确、透彻的高度解析化的全新社会，德国学者克里斯托夫·库克里克称之为"微粒社会（The Granular Society）"（克里斯托夫·库克里克，2018）。微粒社会所描述的"微粒"是指解析的程度，以粒度为表达形式，数据的精确度越高，粒度就越小。粒度指的是一种材料或系统可区分的程度，也可以是将较大的实体细分的程度，计算机领域将"粒度"定义为数据路径的宽度、数据字段细分的大小。微粒社会以数字技术"解析—解体"社会为更小的社会粒子（微粒），在细小的微粒中重新构建一种稳定的社会秩序，微粒社会是数字化时代的产物（陈炬，2019）。

数字技术将现实生活中的各种物理或仿真操作转换为数字格式，并以数据形式操作，将一个事物转换为一系列由数字表达的点或者样本的离散集合表现形式。其过程采样点的大小直接影响数字化的信息量，粒度越小所包含的信息越精确。与微粒社会相对的是粗粒社会，粗粒社会是指工业化时代规模化生产，社会群体定义是以群体作为研究对象，探寻规律和趋同，用平均值来代表需求和价值的标准，将社会按照各种不同标签进行圈层，形成不同的用户群体和生活方式的社会形态（陈炬，2019）。解析是实现微粒化的前提，就是将复杂的主题或内容分解成较小的部分以便对其更好地理解的过程，对其理解其实就是能清楚认知，能够用语言、符号、公式显性描述，并且为下一步的操作提供理性知识。

"量化自我"其实是量化生活，解析生活行为。生活是由个体各种不同的行为构建而成的。现在，各类手机应用软件（App）、微型传感器、微型计算器（电话和可穿戴设备）和云存储的普及应用，实现了多领域的跟踪，并在生活中存储了大量个体行为和生理数据实时记录，配合终端App构成个体全方位行为量化系统

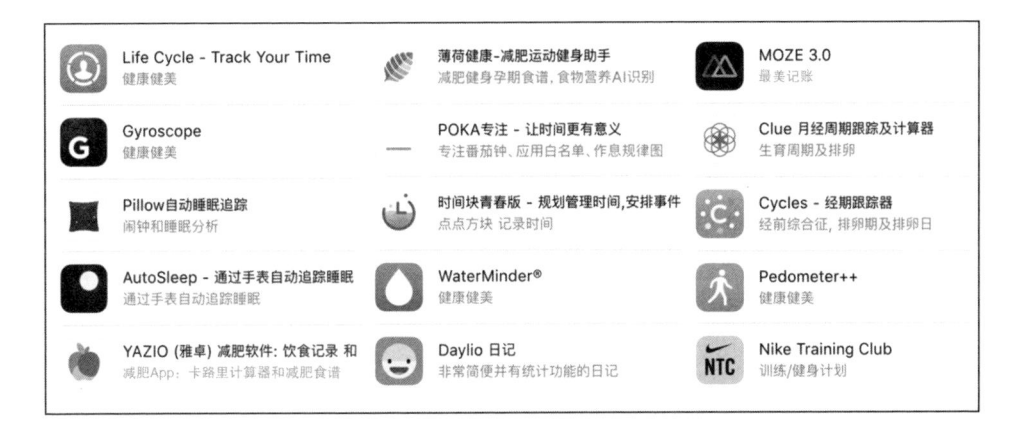

Life Cycle - Track Your Time 健康健美	薄荷健康-减肥运动健身助手 减肥健身孕期食谱,食物营养AI识别	MOZE 3.0 最美记账
Gyroscope 健康健美	POKA专注 - 让时间更有意义 专注番茄钟、应用白名单、作息规律图	Clue 月经周期跟踪及计算器 生育周期及排卵
Pillow自动睡眠追踪 闹钟和睡眠分析	时间块青春版 - 规划管理时间,安排事件 点点方块 记录时间	Cycles - 经期跟踪器 经前综合征,排卵期及排卵日
AutoSleep - 通过手表自动追踪睡眠 通过手表自动追踪睡眠	WaterMinder® 健康健美	Pedometer++ 健康健美
YAZIO (雅卓) 减肥软件: 饮食记录 和 减肥App: 卡路里计算器和减肥食谱	Daylio 日记 非常简便并有统计功能的日记	Nike Training Club 训练/健身计划

图 4-14　iOS 系统"量化自我"App
数据源：https://apps.apple.com/cn/story/id1373138382

（图4-14），包括每天消耗的卡路里、运动的路线、心率的监测、手机的使用时长等。随着现在大量自我跟踪工具的出现，日常更可以成为仔细研究的材料。由于产生的数据是对生活客观的衡量，通过数据可以了解正在发生的事情，并可视化行为的状态和进度。因此，量化生活不仅仅是数据认识和理性分析，还成为设计创新需求的来源、设计分析的客观数据支撑，从而将个体生活经验的认知向数字量化的数据化认知模式转变。

4.5 生活方式的隐性与显性转换衍化机理

人的生存和发展从感知和思考各种事物的事实关系开始，进而作出情感反应去了解事物价值关系，再而根据态度决策选择行动方案，最后通过行为实施达成目的。这是有意识、有目的、有计划、有执行的生活活动过程，是需求转化为现实的流程，包括决定和执行两个阶段（王旭晓、贾京鹏，2015）。决定阶段是人的主观心理活动：认识、情感与意志；运行时间就是人的行动力。两个阶段是相互依存、相互渗透、相互作用的。

随着社会的衍化，生活也在不断变化，认知行为也随之变化。根据社会、生活和个体的变动，需求也在不断变化、调整和转移，甚至重新产生。需求是人对生活的认知过程的心理状态，是从缺失到拥有，从尚未自觉意识到清楚意识，从不平衡状态到平衡的过程，从生活状态衍化到生活方式的过程（罗怡静，2009），这些变化同样体现在隐性和显性需求的相互转换中，表现为生活期望没有达到预期或生活体验不充分的内在要求。因此，本节从认识、情感、意志和行动四个层面的隐性和显性转换变化，以过程化的视角详细分析需求对生活方式形成的作用。

4.5.1 认识的隐性与显性

认识是"通过思想、经验和感官获得知识和理解的精神行动或过程"（Lexico，2020），认识是对客观世界的反映、对日常生活的理解，在心理学中是用于解释态度、归因和群体动态，将"认识"作为人对客观世界的能动反应的心理现象，形成对信息处理的个体思维。人的认知过程是有意识或无意识的、具体的或抽象的，以及直觉的或概念的。日常生活需要个体不断感知和思考，以感知需求的态度和思维的清晰度作为两个维度，明确显性需求与隐性需求的特性与边界。

对需求感知的主观态度分为意识、本能和无意识三个层次，感知从无意识受社会道德、风俗、文化的潜移默化影响，到出于自身本能的需要，到有意识主动参与，需求的感知从无意识到意识的跨越。对需求思考的清晰程度分为清晰、模糊和未知三个层次，思维对生活的基本需要和发展期望是从未知、模糊到逐渐清晰的过程。结合感知和思维的三个层次（图4-15），完全显性是有意识感知、思维清晰的认知，而完全隐性是无意识感知、未形成思维

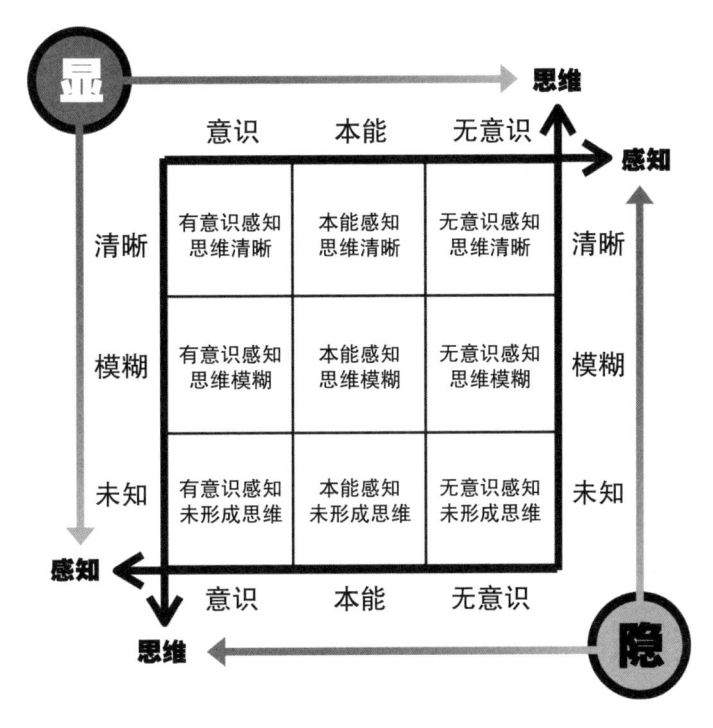

图 4-15 认识的隐性与显性转换
数据源：笔者绘制

的认知，这两种认知因没有缺失，没有形成失衡状态，无法产生需求。而介于两者之间的认知都存有某种缺失，以致心理状态失衡，因而产生生活需求的动机。越靠近显性状态的认知，感知越有意识，思维也越清晰；反之，越靠近隐性的认知，感知越无意识，思维是未知的。

4.5.2 情感的隐性与显性转换

情感是心理认同的表达状态，是一种感情满足程度的判断，这种心理体验是人对客观事物的态度的一种反映，每一项认知活动都受到了情绪的支配。情感的产生与行为、环境的价值感知、情绪的刺激强度是密不可分的，情感是一种可被观察到的心理变化。同样的事物引起的情感是不一样的，引起情感激动的两个主要诱因是价值感知和刺激强度。当人们进入某种情况或遇到对如何进行的特定期望时，会根据对自我、他人和情况的期望得到满足或不满足的程度来进行价值判断，触发个人的不同情感体验的刺激。

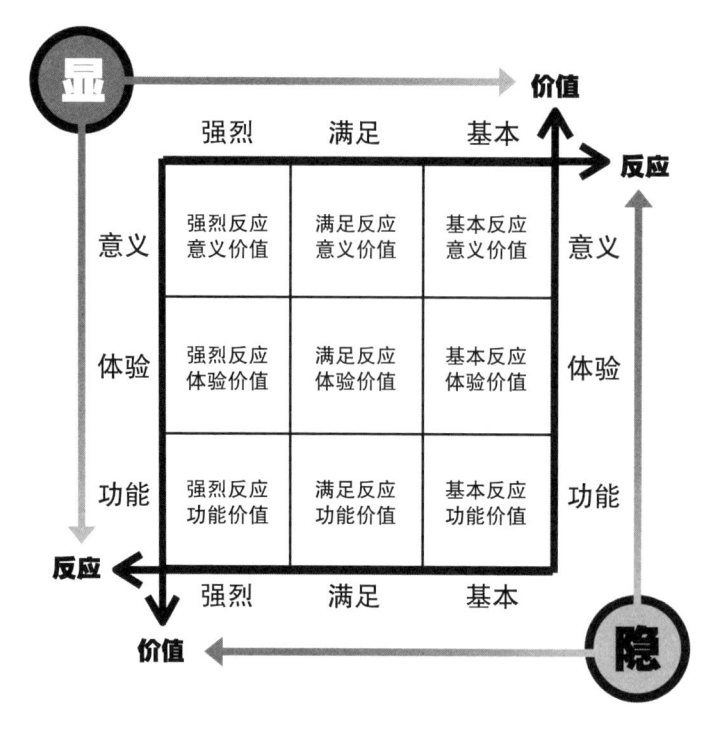

图 4-16 情感的隐性与显性转换
数据源：笔者绘制

情感的价值感知和体验度是对隐性和显性需求转换的意义判断，界定需求创造程度和传递水平（图 4-16）。需求的价值感知可根据创新程度分为三个层次：基本价值、体验价值和意义价值。这三个价值反映个体对于生活的需求和期望，从功能满足到情感满足，到追求人生的超越的轨迹。情感的体验按刺激的强度分为三个层次：基本反映、满足反映和强烈反映。这三个层次明确表示从隐性到显性之间需求传递的强度及广度，以及个体对生活方式的体验程度和满足水平。

4.5.3 意志的隐性与显性转换

在心理学中，意志是一种认知过程，个人以此决定并采取某个实际行动。意志是一种目标导向的内在驱动力，是对实现目的有方向、有信念地坚持的人类基本的心理功能，是外显的思考过程，也可能是无意识下由习惯形成的态度。意志是在做出决策时从各种愿望之中选择一种愿望的态度，它本身并不是指任何特定的欲望，而是指负责从一个人的欲望中进行选择的机制。可见，意志是促进需要和欲望实现的心理动力，并可以对生活方式有意识、有目的、有计划地调节和支配。

意志是隐性和显性需求转换的一种态度和实现愿望的决策力，界定隐性和显性需求的性质和方向（图4-17）。以生活需求决策的清晰度决定了需求行动效应的方向，可分三个层次：清晰态度、模糊态度和未知态度。态度越明确和坚决，意志表现水平就越高，需求的价值也就越明确。以实现决策的意志力可分三个层次：意识决策、随意决策和无意识决策。意识强烈的决策对隐性和显性转换的调节和支配度就更加充分。

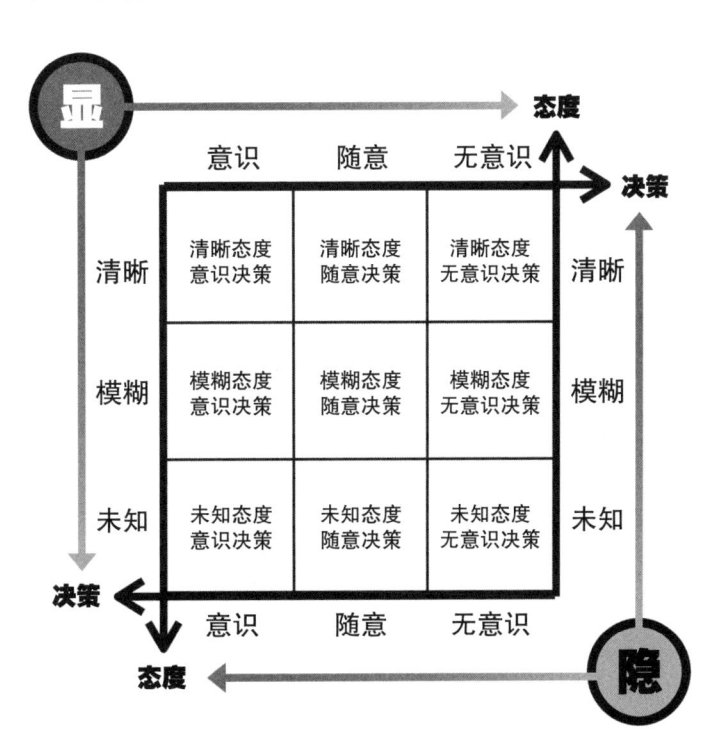

图4-17 意志的隐性与显性转换
数据源：笔者绘制

4.5.4 行动的隐性与显性转换

韦伯把行动称为互动，又称为社会行动。帕森斯认为一切行动都是行为。但所有行为未必都是行动，行为可以是有意识或无意识的，目的可以是清晰的，也可以是未知的，但人的行动是有意识、有目的的。个体对于生活现状不满足，就会有意识平衡这个失衡状态或填补这个缺失，从而产生需求动机和拟订实施目的的计划，进一步采取行动。行动是受由意识调节支配，对日常生活需求开始认知、情感和意志一系列心理活动后，所采取的各种行为。

从个体对生活需求展开有意识、有目的的行动，区分隐性与显性需求转换的行动力与目的（图4-18）。以行为意识明确隐性到显性的过程，可分为三个层次——有意识行为、本能行为和无意识行为，体现对隐性与显性需求转换目标的自觉性。以行为目的明确隐性到显性的目标，可分为三个层次——清晰目的、模糊目的和未知目的，体现对隐性与显性需求转换推动力的制约程度。

隐性和显性需求转换是通过个体对生活的主观心理和行为互动而实现。对心理状态主要以认知、情感和意志三个维度进行分析，分别对应事实关系、价值关系和行为关系，包括思维、感知、价值、反应、态度和决策等方面。认知维度在于理解生活中对自我和社会的变化，发现需求的问题；情绪维度在于判断需求的价值点和欲望强度的问题；意志维度在于选择满足需求的方向和实施计划的态度问题。以行为互动维度分析，行动维度在于实现需求目标决策和解决行动意识状态的问题，以个体活动构成社会事实关系分析隐性和显性需求的转换。

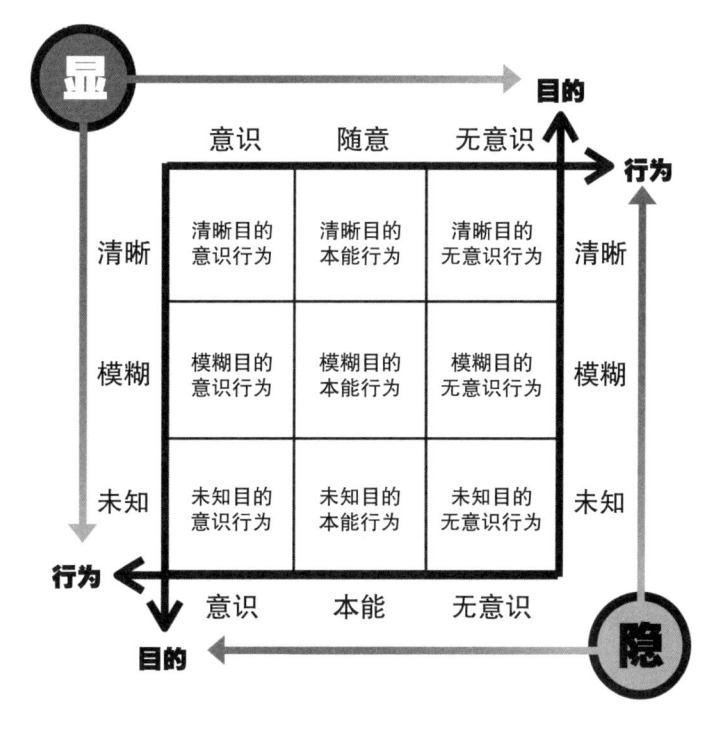

	意识	随意	无意识	
清晰	清晰目的 意识行为	清晰目的 本能行为	清晰目的 无意识行为	清晰
模糊	模糊目的 意识行为	模糊目的 本能行为	模糊目的 无意识行为	模糊
未知	未知目的 意识行为	未知目的 本能行为	未知目的 无意识行为	未知
	意识	本能	无意识	

图 4-18　行动的隐性与显性转换
数据源：笔者绘制

在日常生活中，推动生活状态变化的有技术因素，但真正起作用的是认知、心理变化和生活需求的隐性与显性转换。个体活动是与心理和行为密不可分的，同时受主观和客观条件限制，在隐性和显性需求转换的驱动下，心理上不断创造出新的需求或发现新的缺失，行为则会不断重新选择和获取需求对象。

（1）认知维度的隐性和显性需求转换。当认知获取需求受到社会群体的共同认可，并广泛传播，就逐渐成为感知度较高的显性需求。在一定条件下，需求结构发生迁移，需求动机和偏好强度衰减，需求难以确定，再次转换为隐性需求。

（2）情感维度的隐性和显性需求转换。认知活动是受到情感的影响，对事物需求的高度认可，产生价值的满足感，从而将需求转换为显性。需求产生变异，社会价值或情感的满足度难以获得社会的认同，显性需求转向隐性。

（3）意志维度的隐性和显性需求转换。意识是对需求实现方向的决策及强化实现需求的态度，使需求显性化，但需求的方向不明晰，或者是主观心理对需求实现的意识在衰减，以至无法有效驱动需求的达成，则形成需求的隐性化。

（4）行动维度的隐性和显性需求转换。行动是实现需求的行为，行为目的的明晰度、行为意识的自觉性直接影响需求的显性化。反之，行为意识的衰减和行动力的变异导致需求和现实错位，产生不平衡状态，重新将显性需求转换为隐性。

综上所述，在内在因素和外在因素共同作用下，认知、情感、意志和行动的迁移、衰减、变异和强化，以至日常生活从模糊隐性状态转向显性的生活方式，再转向新的更高层次的隐性状态，如此反复，是一个螺旋上升不断循环往复的路径。需求通过此路径得以不断自我生长，以适应日常生活的变化。（图 4-19）

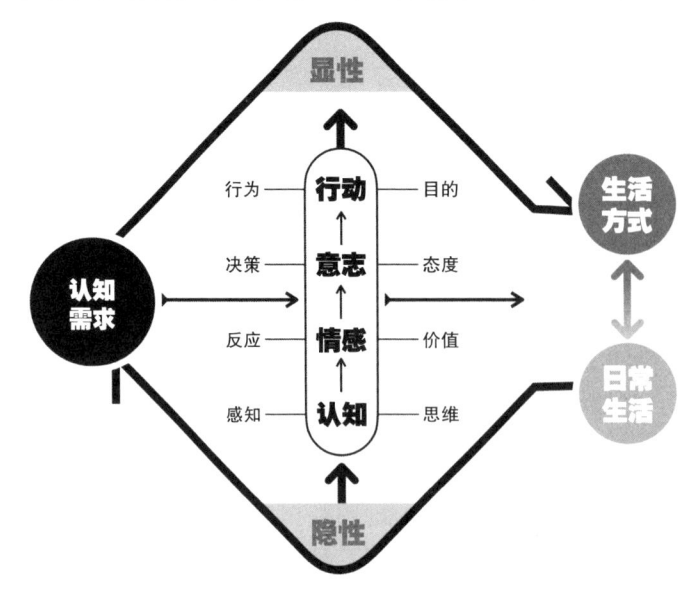

图 4-19　认知、心理、技术推动生活方式与日常生活转换
数据源：笔者绘制

本章小结

在日常生活与生活方式相互转变过程中，受感知速度、认同深度、传递广度等因素影响，形成变动明显且快速的流行时尚的生活方式，也有结构稳定、变化缓慢的社会文化的生活方式等不同类型；在日常生活中，生活的衍变需要内因和外因，缺一不可。认知的转换在意识与无意识情结的冲突和融合中，逐渐形成对生活方式显性的意识，同时也沉淀积累为生活原型的无意识；在需求的失衡和平衡过程中，需求的满足是生活变化的原动力，物的价值变化加速对生活方式的转换；数字技术使量化分析生活成为可能，社会认同、认知、需求都是让人更理性认识自我，将日常生活不明白、模糊的事情规则化、明晰化，从而对生活更理解，生活日常状态转变为追求向往的生活方式。因此，生活方式的衍变是有动因的，受到认知观念、需求逻辑和数字技术的共同推动，此过程显现的是生活状态的变化：隐性与显性之间的转换。

第五章　数字化生活方式设计

5.1 隐性与显性的数字化转换

数字技术是一把双刃剑，以势不可当的方式渗透到工作和生活中，随着感知现实的精确度提高，现实本身也在发生显著变化，所有人都在一步步进入一个被高度解析的社会。数字技术带给生活巨大的改变和极具想象力的未来，但在乐观结果的背后，也有不少新的问题和挑战引起思考。

5.1.1 数字化差异——隐性与显性转换的基础

5.1.1.1 差异化的单体

目前用来了解和分析社会的通行方法主要是各式各样的社会调查，用民意调查研究或焦点小组等方式让所有人发表意见并量化，将意见汇总成一幅全景图像。人在大多数时候会从自身利益出发，对现实情况的判断往往难以用言语表达，对其描述又显得模糊不清，导致能够感知个体行为的独特，但并不能准确地命名这种独特，并适当地将其测量归类，因此这类量化一直以来都不是非常精确的，只是用平均值表示整体的方法。这仅仅是抓住了现实中的某个特定片段，更准确地说，这种方法刚好创造出了想要抓取的东西。最终为了一个"普遍性"结论的产生，个体被纳入平均值，无法计算在内。因此，"个体"是问卷和调查中的对象，是统计中间值和平均值代表的人，与之相对是"单体"。随着大数据、量化工具、跟踪传感器、分析软件等技术的改进，数字化将越来越多的现实物理状态信息转换为数据形式，通过各种App对各种行为进行细致的观察与记录，以量化和分析的方式创造出"单体"。"单体"是指数字化技术测量而体现出极端差异与独特性的个体，独特而不可混淆，能够通过量化过程自证。"自我量化"的出发点是人与人之间的极端差异，格雷·沃尔夫也因此强调自我量化运动是由 $n=1$ 组成，它是一项只获取自身经验的个体构成的运动，是纯粹的单体化。

"单体"是一种不断深化的数字化结果，每个人独特性得以量化，是因为这种独特性是在人们之间无数次的互动中体现出来的，能够辨认的并非只有事物外在形象，那些隐藏在生活中的细节，往往只能用数字解析的方法解读，这是微粒社会的一个标志：在微粒社会中借助数字解释自己。数字技术解析越清晰，单体越精确，这是所有数字化性质的个体化共有特点，就如每个人在微信、QQ、抖音、Facebook、Twitter等社交平台上都有一个单体而独一无二的数据特征，这种特征以朋友圈及朋友之间的相互联系显现。

数字量化分析在商业应用场景中已经证明了"单体"的商业价值。如今，对于个体身体各种状况开始数字化解释，为自我管理和健康医疗提供精准数据服务。当以这种数字化认知对社会生活和文化习俗进行解释时，将会面临旧有观念和认知的挑战，语言、历史、社会等众多人文学科的观念在数字化解析下，被分解重构形成新的数字时代的观念；社会现象的各种概念在数字化认知下将会重新被解释和定义。因此出现了一个现象：当现象或事物被解析得越是精细，越是能够被掌控，原来的定义、理论和观念就越是无法解释清楚。

5.1.1.2 单体的连接

数据的存在并非"我差异，故我在"，更多的是能证明自己因何与众不同，故我在。其不是因为一种有交换价值的物品或者一种不同的观点所造成的差异，而是某种被视为本质区别的东西。"自我量化"以量化自身为目的，在于改变自身，这只是自身改善的一部分，但人是社会性的，心理和行为受到社会制约，个体在社会环境中的属性成为数字社会关注的问题，如Facebook于2014年在其英文注册页面中废除了传统男或女的性别属性的分类。人意识中对自我性别认同与传统生理划分是有差异的，具有多样性，并不仅是男女二元所能完全概括的，因此，微粒社会的性别的划分就远远不能简单地概括为"男－女－其他"，更注重社会认同和自我认同的表达。Facebook现在为用户提供56种可选的性别，从"雌雄同体""无性别"到"跨性别"等，种类繁多，Facebook这样做的理由是，"真正的、真实的自我描述会让你感觉自在舒服"。这体现了个体在微粒社会的差异包含自我认同和社会关系。

社会的微粒化使得群体不再是一成不变的稳定形态，而是具有液态特性的柔性社会、网络型社会，群体内部和外部的边界变得模糊，内部和外部的个体可以"自由流动、自由组合"。数字社会利用新的技术手段，并非只能辨认事物的外在形象和解释自己的身体，还能解释社会关系、语言系统和文化历史。相较于以结构和功能系统为导向的粗粒社会，这种新型社会关系更加灵动、更有弹性，也因此更难以把握。微粒间的差异是数字社会的现实需求，关系是连接的可能,连接是维系整个系统的原动力。因此,单体间的差异越大,竞争就越大,斗争也就越激烈,当差异产生了不均衡,就需要建立一种新型的数字关系来连接差异,回到平衡状态。在一个高度解析的数字世界、一种复杂及具有交互行为的网络社会中,社会的差异与复杂性得到承认,将会出现一种不平等但均衡的社会现象。因此,关系将比类别更重要,灵活的功能将比用途更重要,过渡将比界线更重要,顺序将比等级更重要。

5.1.1.3 单体与整体的关系

单体是极端差异与独特性的个体,属于整体的部分,不以平均值解释,是整体中个体之间的差异。单体化并不是发生在一种完全竞争的真空环境中,而是存在于人人密切相关的环境中。对其理解是基于数字技术的发展,能够收集和处理的数据越多,与众不同的个体形象就越清晰。数据越多,特征就越清晰可见;数据越丰富,单体就越多;网络化程度越高,个体化程度也就越高。显露在个体间差异的单体不是孤立存在的,彼此间是存有联系的;整体是在个体间通过数字解析、微粒间比较、利用差异进行相互连接而形成的。

单体行为只有从整体层面理解才具有说服力:它是在一种充满意义的联系中进行的。单体行为往往要在相互联系的情景中被解读,否则这些数据就是苍白而无意义的。数据会使人更清楚并更精确地定义自己的需求,究竟需要什么样的生活方式来让自己感到舒适。数据同时将揭示自身,并使得生活环境尽可能确切地适应需求成为可能。要达成这样的目的,社会必须在数字化下"重新连接"。连接,是社会发展的推动力量。数字技术打破了粗粒社会稳定的社会关系,原本显性的认知理论、消费需求、生活方式以数字化的方式重新被审视,将隐藏的细节或未知以数据的方式显现,前所未有地看清楚这些微粒化的差异,通过差异可以区别数字化生活中的隐性与显性。差异产生了不均衡,需要通过连接找回平衡状态,因此,差异产生连接,连接是微粒社会整体与个体间重获平衡的关键。

社会场景通常由参与者各自不同的观察构成,一切始终带有"某种主观性",并且在一定范围内是可调整的。数据从来都不是中立的,是被操控的物或技术,数据不会以客观的视角观察世界,而是存有某种特定态度。数字化的力量在于,可以将群体中的个体或者消费者单体化，然后有目的地去影响他们，调节整体与单体间的关系。数字化给人们带来生活实用的便利、行为健康的指引、社交娱乐的丰富，同时也会带来数据的恐慌、交流的不安、心理的孤独等负面的影响。

5.1.2 数字化认知——隐性与显性转换的观念

5.1.2.1 认知的数字量化

人的认知是在日常生活中与外部事物直接接触，并通过各种感觉器官在大脑中反映为事物整体印象，认知随着科学技术的发展也在不断升级，认识的广度和深度不断延展。计算器、传感器以及数据挖掘的融合使得解析程度变得如此之高，导致数字化的认知得到了爆炸性的提升，其核心就是数字量化。在进行了分析、综合、归纳和演绎等数字逻辑活动之后，概念、判断和推理的过程形成了，量化成为一种设计的分析方法，以数字技术手段揭示事物的内在联系、本质和规律，还是一个可以帮助设计了解、研究和分析无法直接认知事情的数字系统。以机器感知、数据挖掘、人工智能等方式模拟人的感知、推理、学习等认知能力，更详尽地收集生活细节（包括人无法感知的无意识行为等），通过编码建立数据库，以算法对数据进行交叉分析，一方面获取理性、外在性和显性认知，同时对非理性、内在性和隐性的社会现象转换为数字形式，以信息加工方式成为显性的客观认知。进入数字社会，以数字技术分解和量化事物，对个体和群体的情绪、行为、认知、技术等离散化分析，事物的隐性属性在此过程中会显现出来，为设计创新提供了无限可能，同时也开启了一个全新的角度来认知

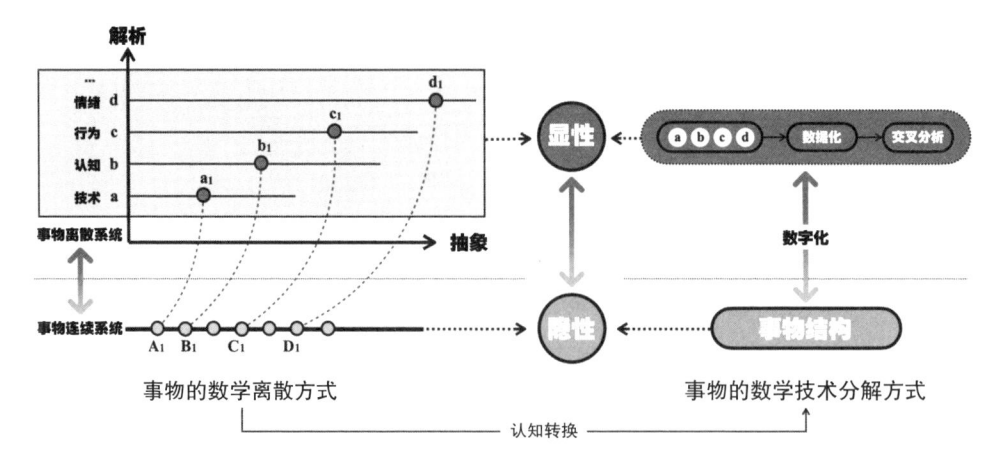

图 5-1　数字化认知转换分析
数据源：笔者绘制

生活的本质和规律（图 5-1）。

5.1.2.2 认知的融合

人类认知客观世界及意识社会化的过程，是从无形到有形知识的过程，是认识与直觉、灵感和想象碰撞的结果，对事物是赋予情感、创造价值和感知意义。这是耗时费力的，同时这会急剧地拖慢生活节奏，但会使生活有价值。一朵花对于一台计算器而言就是色彩值、像素的大小，但是对于人来说，它要么意味着对上一次生日的回忆，要么是思念某个喜欢花的朋友，要么是想起某个博物馆的一幅艺术作品，要么是回想起春天草地的香味，或者让人想到窗台上那朵盛开的花……可见，对于生活更多的是经验、情感、想象和文化等隐性的认识，这些是难以直接量化的。

智能没有意识、感觉和愿望，也没有希望和渴望，只是使用符号，使用数字和信号。这些东西意味着什么，对它们而言无关紧要。本来智能只能做一件事情——运算，但是生活中可以数字化的东西多得令人吃惊。比如象棋是由具有某些特定值的坐标组成的坐标网络，是可以计算出来的；视频是不同色彩强度值和使其转变成其他色彩的指令；歌曲是不同频率的波谱；潜在的恋爱对象是各种参数间的相关性和发生概率；声音对于智能音箱而言就是利用音频所计算的讲话音节。数字技术不过是利用 1 和 0 的差异在工作,但是在数字代码之上,重要的是区分不同的状态。认知智能只是在利用这样的差异具有"意想不到的解析能力和解构思想的能力"。

谷歌搜索引擎具有一种"记忆"功能并且可以快速"记起"所有的网页,这是人类无法比拟的。原以为谷歌能够认识甚至理解网页的内容,掌握上下文和存在的用途,但事实是:谷歌根本没有记住任何东西,谷歌搜索引擎是通过大约 200 种变量最终计算出搜索结果的,而这些结果和某个网页的内容几乎一点关系都没有,关键的是标签、链接、点击量和其他更多的东西。谷歌之所以"记得"那么好,是因为它不需要记忆网页的相关内容,而是用不同的关键词将内容分类,并贴上标签,在有需要的时候,通过算法快速找到计算路径,将内容调取出来。谷歌最大的优势就是计算的能力,所以它才可以如此迅速。而人类最大的优势就是不会忘记的能力,因此拥有经验、技能、历史或者某个故事,而计算机拥有的是计算路径。

现在,数字社会中出现的是一种新的数字化认知,这种新的认知可以补充人的认知,程序算法的优势正是人类的不足:人类受制于所有可能的知觉扭曲。孙隆基认为从不同观点出发的认知意向,会与客观世界达成不同的协议,就如提灯照物,不同角度会有不同影像一样(孙隆基,2004)。人在认识过程受主观、客观和环境的影响,既产生意识、理性、外在性(显性)的认知,也会萌发无意识、感性、内在性(隐性)认知。显性的认知是理性的、有一定规则的,通过编码转为数字量化分析,建立知识图谱数据库。隐性的认知是感性的,属于个体经验、价值观和群体文化、风俗等非结构化形式,只有在特定的情景下通过量化工具、传感器、分析软件等技术,将现实物理状态信息转换为数字化信息,才能以数字离散和抽象方式理解事物内在的规律性及探索发展趋势。

5.1.2.3 技术与经验的共存

现在的智能设备更新速度更快、进化更快,"迭代"成为数字化设备必不可少的自我完善、升级更新。百度、微信、谷歌和 Facebook 每天多次更新它们的程序,每一次,都会从"经验"中"学习",尽管这些"经验"都不是它们在自己的经历中获得的。

数字知识以及数据库的容量正在以几何级的速度增加，这将有利于数字化产品的微粒化：产品由若干模块构成，模块通过"数字接口"相互连接，组成一个完整的产品，每一个单独的模块都会不断地更新和升级。如今的智能手机几乎每天都会有一个或多个App需要更新，特斯拉汽车的驱动程序也是通过无线网络更新迭代，无论何时售出的汽车，其功能都可能和它刚出厂时大不相同。未来将不会再有固定不变的产品，因为这些产品随时都可能更新。数字化特性意味着持续的更新，这种持续的更新将会成为常态，如果一款产品不能更新，很快就会沦为过时的废物。只有那些不断变化的东西才会留存下来，正是持续的改变使得社会不再一成不变，人也将被迫调整以适应创新和智能的爆炸式发展。

　　数字技术的日益成熟、智能产品的普及，要求人在行为上做出改变，不仅要适应世界，也要适应智能设备。智能设备凭借自身的传感器、算法等高技术，可以在一目了然、清晰定义的环境中运行得轻松自如。无人驾驶技术在路面交通状况相对简单、交通标志完善的环境中游刃有余地行驶，智能扫地机器人也要在室内空间不复杂、桌椅不多的情况下工作。但真实的世界往往要复杂得多，为了使数字化设备能够更容易地操作运行，环境被迫不断适应数字化升级的压力，随着人工智能越来越广泛的普及而不断改善，将复杂性简化。如家庭空间将会为智能扫地机器人而简化，人行道的空间为了给新能源电车充电而减少，这种趋势还将急剧加速并渗透到所有的生活领域。值得思考的是，在面对数字化过程，人类应对复杂事情的特殊天赋将改变：在这个为了数字化而不断优化的世界中，长期以来一直拥有而且曾经极其重要的能力将会贬值，人本身因此将会改变。

　　因此，数字化认知的出现并不意味着大脑时代的终结，而是更能有助于人的认知的充分发挥，帮助人将感性经验的隐性认知转化为理性知识的显性认知。未来，人需要驯化越来越智能的设备，需要设计、创造这些越发智能的设备，并学会与之相处。

5.1.3 数字化控制——隐性与显性转换的方法

5.1.3.1 数字化分解

现实生活中，人们过着可期待、可预料的生活。每天准点走同样的路去上班，在办公室习惯性地浏览相同的网页，和为数不多的朋友聚会，到附近的超市购物，去订好的球馆打球。生活按照一种可识别的模式活动，而且其中相同的部分还总是联系在一起。日常生活的特征是"时间和空间的高度常规性"，连在一起的不仅仅是时间和地点，还包括爱好、兴趣、行为习惯以及社交互动，结果是：生活可被计算，行为可被测量，情绪可被评估。因为个体生活得以存在的这些因素以一种可期待的、可被理解的方式关联了起来，形成一种印象——一种生活经历连贯的印象，这种连续性直接反映生活状态，个体将为获得这种连续性而努力工作。

由于组成生活的因素是紧密联系在一起的，因此可以通过其中很少的一部分推断出剩余部分。微信通过你所浏览的内容和频次、点赞、关注、年龄和性别就能生成用户画像，根据画像将广告精准投放。这些为数不多的、看起来并不相关的点击浏览就把个体的兴趣和需求显露出来了，用户画像分析方法是心理学中的一种标准化测试。可见，数据是按照某个标准处理分析的，数据不是决定性的，把数据转化成知识才是决定性的，而很少量的数据就可以转化为知识。

在过去很长一段时间，人都确信没有人比自己更了解自己。试图将自己与他人区别开来，从而更好地形成对于自身生活的认识，现在数字技术给出另外一个答案：数据。认知人的独特性使得人可以被识别，而且从某些情况看，数据对人的洞察会更加多维、精确和标准化，比自己衡量还有说服力，因为数据不会受主观因素的干扰。

5.1.3.2 数字化控制

哲学家吉尔·德勒兹（Gilles Deleuze）宣告"控制社会"的到来、机构的消失，人从一出生就被控制着、调制着，权力的运行场域成为不可见的，对活动的身体、情绪和资本流动的持续不断的监视（Deleuze，1992）。同时其作用于更加抽象的层面，即主体的表征，例如消费者的购物习惯、生活习惯、健康指数、睡眠程度、饮食偏好等数据都可以被用来编织起这张控制的无形之网。

随着大数据的广泛应用，除了某些限制，社会的个体和群体行为不再受到强制或压制，而是会被改变，采用点到点、温和引导的方式。社会的情感会被轻柔地、几乎令人察觉不到地，而且非常微粒化地操控，并且通过精妙的、不断数字化的激励系统引向人的愿望、企业的利润以及社会的利益集中的地方。影响生活的将不再是生硬严肃的法律规定，而是由观察、监视、预测、评价、引诱和劝告所组成的一个多面的复合体系，控制虽然是柔性的，效用却不会减弱。数据意图从行为模式中预测下一步将要做什么，利用大数据发现以前从未被发现的关联性，并对此施加影响。个体从而更好地完善自我，企业为商业模式创造最大的价值，社会群体从而被引向更和谐的中心。

微粒化效应和控制效果的交叉重叠：事物的单体、数字的解析、行为的感应、数据的挖掘及事件的预测在数字社会充分展现。社会对于个体将不再受强迫，而是被引导；不再被利用，而是被解读；不再受支配，而是被影响。

5.1.3.3 数字化重塑

大数据、人工智能的场景应用，使人更加深刻透明地认识世界，发现以前从未被发现的关联性。人工智能领域力图教会数据像人类一样思考问题。但是在此过程中人们明确地认识到，计算机有自己的独特性，不可能像人类一样思考，因此人们将尽可能多的数据输入计算机当中，创造数据之间的关联，发现规律性，然后从中得出自己的结论。

超市可以预测接下来三周内所有商店、所有商品的打折情况，这些数据会流向顾客的预订系统，会依据情况发出补货指令。在销售预测方面，可能需要上百种不同的数据，如历史销售数据、商品描述、价格、假期时间、重大事件、广告促销、竞争对手等，所有这些因素都可能对销售造成影响。这多达上万种变量，涉及的不仅是消费者群体以及单个消费者的特征，所有参与因素都会影响人的认知。面对如此庞大复杂的数据，从中解读出有用的信息是极其困难的，人是无法找出关联性的，而计算机可以将上千种事情联系起来，利用算法将这些可能性组合起来，从而尽可能真实地计算出目前的销售数字，在大量数据中发现规律，做出预测。从数字中会产生规则，从数值中会产生准则。

这些数据的整理和结构化需要由程序花费很长时间才能完成，而且容易出错，这并不会影响数字化的效果，重要的是这些预测存在并且能够影响人的观察和决定就足够了。IBM 公司在 2008 年提出智慧城市的概念，对美国迪比克（Dubuque）[①] 社会水资源管理进行数字化改造，迪比克以建设智能城市为目标，利用互联网、计算机、传感器、软件等一套智能系统，将迪比克所有的公共资源连接起来，通过互联网将流量汇聚集中，再以数据挖掘和分析，预测用户的使用需求和习惯，并安装数控水电计量器到户、到店，通过改变水使用模式，使迪比克整个环境成为互联网的一部分，既满足市民用水的需求，同时又保护了水资源，降低了城市的能耗和成本（何辉剑、马镭、赵蓉，2013）。IBM 提供的是一套智能监测系统，给迪比克政府和市民面对复杂环境时一个合理有效的建议，能快速而准确地做出决策。

社会智能化之所以能够发挥影响，是因为提供了一种简化的模式，帮助人类将复杂的事物条理化、规律化、明晰化，数字正在重塑生活世界。由此可见，数字技术全面引入日常生活中，作为设计改变生活的工具，在数字化差异、数字化认知和数字化控制的维度上，能够加速从生活状态转向数字化生活方式（图5-2）。

[①] 迪比克是美国爱荷华州东部河港城市，临密西西比河，2009 年 9 月与 IBM 合作，建立世界上第一个智慧城市。

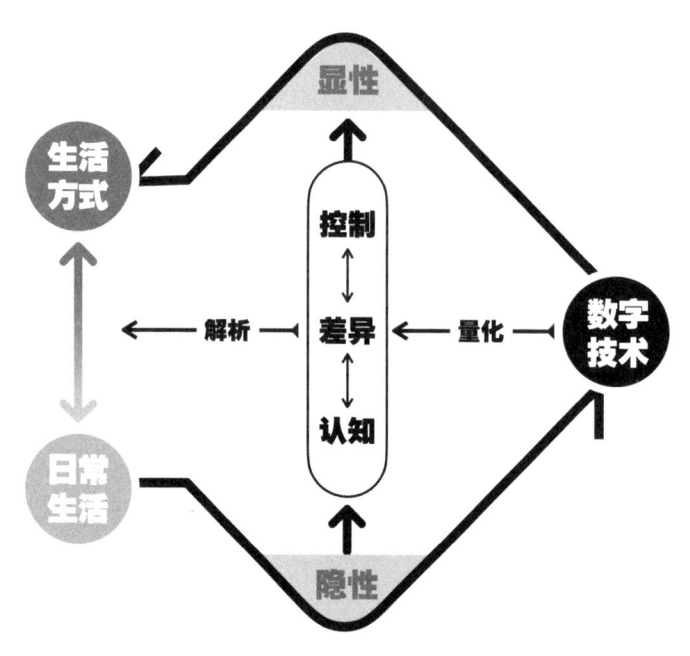

图 5-2　数字技术驱动生活状态的变化
数据源：笔者绘制

数字技术促进了设计观念的衍变，改变了对生活的认知：以微粒的角度分析事物之间的隐性与显性的转换，以智能互联的数字技术重塑生活关系。因此，从生活方式转换的角度看，数字化是一种设计创新的方法，数字技术是设计创新的工具。

5.2 设计认知数字化转换

5.2.1 数字化认知的形成

进入数字时代，这种时代范式变得更具有革命性意义在于它不只是停留在科技和产业层面，也不只是日常生活的形态和方式发生了变化，而是我们的认知——对事物、世界的认识模式发生了根本的变化。数字技术改变了我们的世界观和认知观，改变了人们对自身、自然和社会的认知，以数字分解连接形式重塑人的理解，已经意识到数字化改变是大势所趋不可逆转的。一方面，经济结构转型、数字技术发展等外在因素对社会变革和生活改变的影响；另一方面，自我认知和价值观等内在因素对传统生活文化、道德理念和生活意义的哲学思考影响。二者的先后发展和互为因果，导致在一定阶段下，在意识层面出现了二者的情结冲突（图5-3），重新思考认识、情感、意志和行为在数字化的改变。在这一数字化的微粒社会中，"数字化生存"已成为无法逃避的现实，不同类型的个体在数字衍化的社会框架下，开展的交往、消费、学习和工作等活动都依赖于数字技术的应用，人的意识与行为随之带有数字化的特性（彭辉，2015）。数字化认知就是意识到日常生活中数字化的存在以及对人们在数字

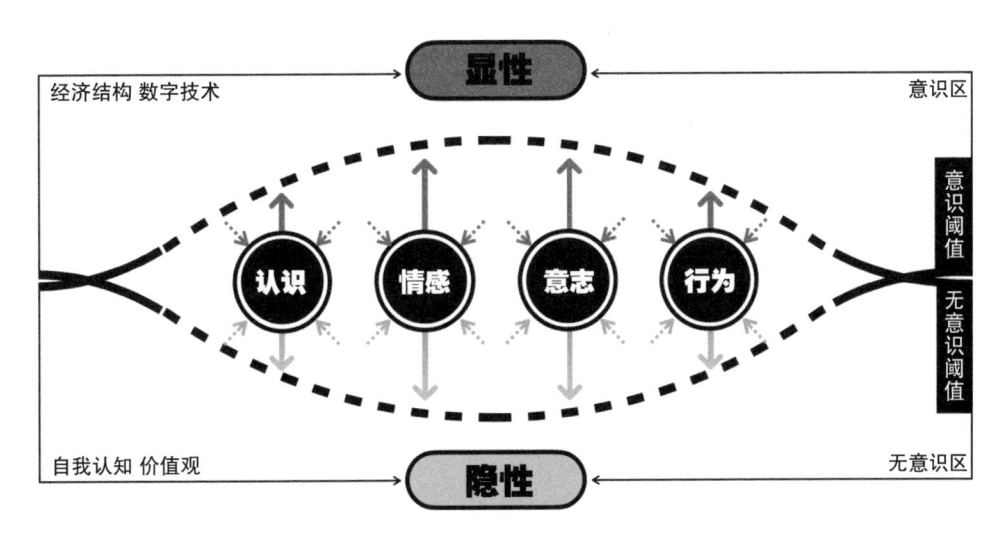

图 5-3　意识和无意识的数字化冲突
数据源：笔者绘制

化中的存在的意识，这种意识使人感到与数字世界的相互联系。这不仅仅是认识上的认知问题，而是关于数字化如何渗透到日常生活中的具体经验。也正因意识层面的冲突，数字技术的发明和应用不至于超出人认知的范畴，哲学的思考和生活的意义才会不断更新研究对象。

数字技术导致一种新的认知范式出现，将"连续"事件转变为相对独立的"间断"问题加以认知，通过数字技术分解及类化成单独的数字化微粒，可以更加细致、精准地认知事物的内在属性，能够将没发现的、模糊不清的、没有规则的事物规律性和可预料性显现出来。数字技术的应用使人对客观事实离散和抽象的能力大幅提升，将复杂混乱、解释不清的事物变成易懂、可操控、可分析的事物，这是一个数字认知的转换过程，将未知变为可知、将隐性转为显性的过程。数字化认知的出现并不是取代人的认知，而是更能有助于人的认知充分发挥，将不确定因子以数字技术力图转为确定，以理性、客观将感性、经验的隐性认知转化为显性认知。

5.2.2 数字化设计认知的形成

数字技术逐步将事物各个维度的性质、特征、相互关系、变化趋势转换为数据，事物隐藏的内容和特点以微粒形式显现出来，能够用数字量化解析的方式理解和分析设计问题，从而形成数字化设计认知。基于数字化认知，能够将设计对象按功能、技术、行为、需求、情感、欲望等特性逐一量化分解，成为可理解、分析、操控的微粒，能够单独对其重新定义，重构关系逻辑，成为设计创新的具体内容（李铁萌，2019）。因此，可以将设计对象按数字化认知模式理解为数字微粒的关系集合（图5-4），分为内部微粒和外部微粒。

（1）内部微粒是指实现事物功能的基本条件，主要是科技的应用，包括所有科技实现的内容、新技术的开发或者科技的新应用等。体现在功能上的运算，或是功能的叠加和减少，或是功能的派生与主次转变等。同时内部微粒也包括与功能相对应的需求，或是基于已有功能及这些功能之间的运算而提出的新的需求。

（2）外部微粒与内部微粒相比涵盖的内容更广泛，也是在数字化设计研究中最主要的课题。外部微粒和"关系"有关，可分成两类：与物相关和与人相关。与物相关的外部微粒

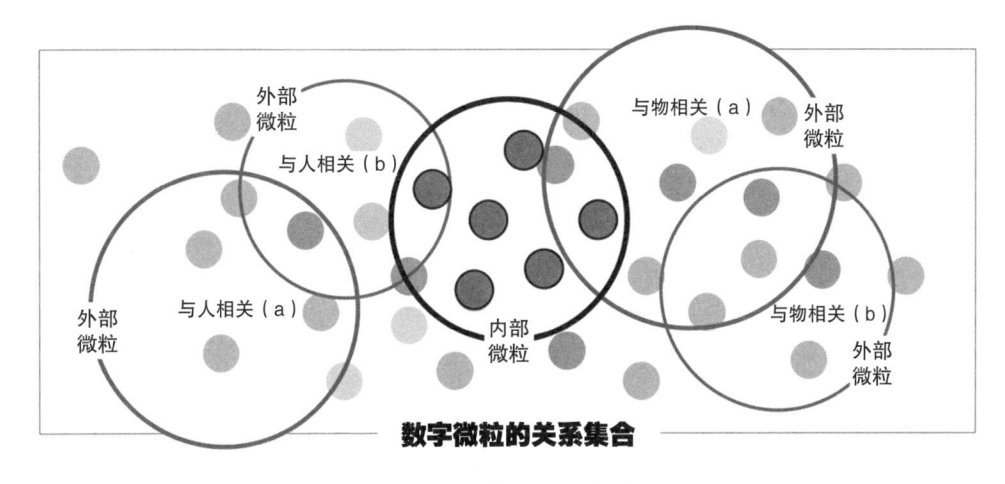

图 5-4　数字微粒的关系集合示意图
数据源：笔者绘制

又可以分成两类：与自属物相关和与它物相关。与人相关的外部粒子因有人的参与，显得更为复杂和难以捉摸，研究的是社会内容。

在传统的功能主义设计中，内部微粒占最主要的决定作用，强调的是形态与功能的统一。事物的内里可知，外在可感。可知的内在（如原理、结构、运作机制等）清晰易懂，逻辑直白；感知的外在（形态、色彩、质感等）是如实真切的，从外知内，望形知意。功能和形式的互生关系形成了物的内外一致性。

而在数字化设计中，数字技术将事物的原理、结构、运作机制等抽象离散，量化分解，就不再是连续的事物，成为间断的微粒，以关系重新连接。对于设计而言，内部微粒已经变成了不可知，以及不必知，事物的外在形式与内在结构相脱离，失去了如实的对应关系，事物的形式及功能不再来自具体的原理和结构，而是来自微粒之间的关系，内在性不再"内在"。认知的边界变得模糊和交融，内部和外部微粒可以"自由流动、自由组合"，起着主导作用的是外部微粒，决定着关系的设定，关系的连接取决于认知和需求的变换，从而形成不同关系集合的数字物。数字化设计认知将给予设计更丰富的理解，创造更具价值的体验，赋予事物更多元的意义。

吉列（Gillette）推出 Razor Maker 系列 3D 打印定制剃须刀（图 5-5）。消费者可以通过访问 Razor Maker 网站（razor-maker.

图 5-5　吉列 Razor Maker 系列 3D 打印定制剃须刀
数据源：https://uncrate.com/gillette-razor-maker/

com）在 48 种预设方案中进行选择或自行设计，挑选七种颜色（黑色、白色、红色、蓝色、绿色、灰色和镀铬）并添加文字来进一步实现个性化定制，利用快速成型工艺完成最终的产品，通过物流直接获取一款独一无二的剃须刀。

数字技术将整个产品设计、生产和消费的连续结构转换为间断结构：生产商设定功能、工艺、价格、形态、色彩等内容微粒，消费者按自身需求、喜好重新连接微粒，实现关系的重组，再以数字化加工而成数字产品交付到消费者手中，形成一个"消费与体验"的数字创新模式（图 5-6）。数字化设计认知改变了生产商的生产认知，提供开放的服务平台和参与式的生产体验；同时也改变了用户的消费认知，获得的是个性化的定制服务和自我满足的消费体验。

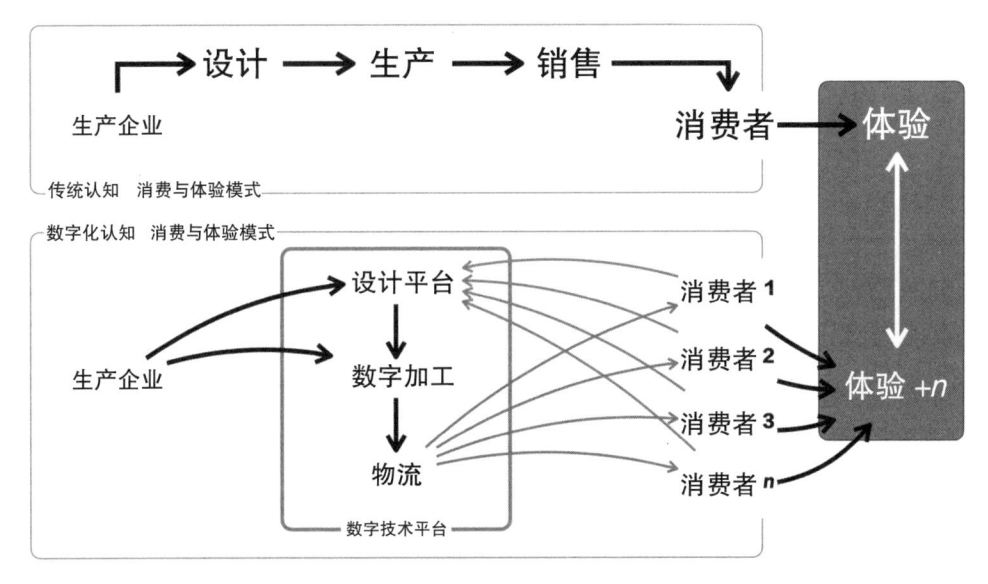

图 5-6 认知转换改变消费与体验模式
数据源：笔者绘制

5.2.3 数字化设计认知的隐性与显性转换策略

设计的认知范式转变为数字化设计认知，设计也需从强调功能变革到关注关系。数字化设计认知的转变前提在于，面对数字化社会，旧有的设计认识无法解释数字科技推动下人、物和社会的变化，无法指导现阶段的设计创新。需要建立新的数字化认知观念，借助程序算法的优势弥补人认知的不足，通过量化工具、传感器、分析软件等科技，将未发现的、模糊不清的、没有规则的事物规律性和可预料性挖掘出来，不仅能辨认事物的外在形象和量化自己的身体，还能解释社会关系、语言系统和文化历史；能够将设计对象按情感、行为、需求、价值、技术等特性逐一量化分解，成为可理解、分析、操控的微粒，能够单独对其重新定义，重构关系逻辑，成为设计创新的具体内容（图 5-7）。

数字化认知介入设计对于传统设计是一场革新，是以数字化认知的方式重新深入精准认识自我，解析客观世界，将结构和功

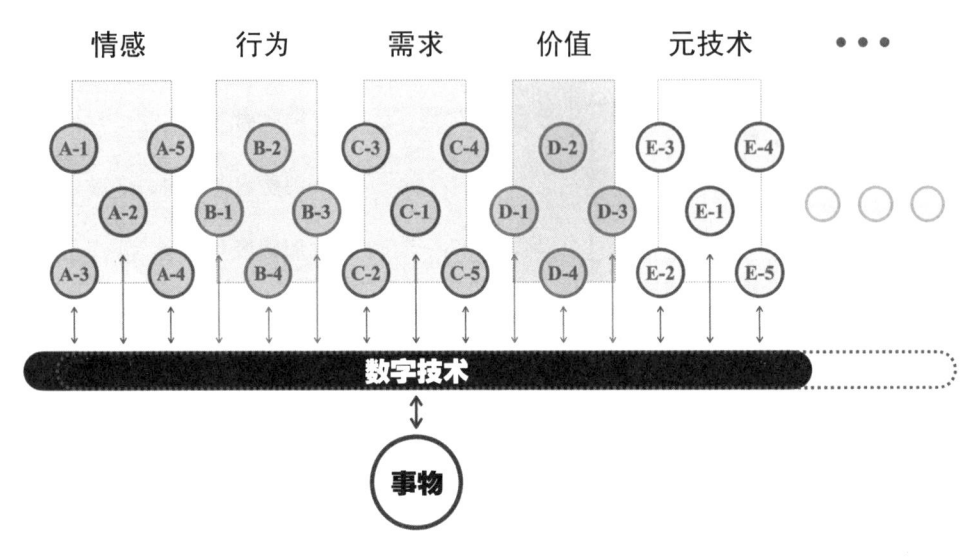

图 5-7　数字化设计认知
数据源：笔者绘制

能系统的物解析为数字微粒集合，重新定义连接关系。这需要设计以全新的创新方式作出响应，将数字化认知注入设计、融入创新过程，将复杂棘手的设计问题转变为具体明确、自由开放、共同参与的数字形态，让设计借助数字科技探讨设计本质。这种变革不是基于批判的颠覆，而是在原来的认知基础上作了扩充和升华，变革前事物的价值和意义在变革后仍有保留。

5.3 设计需求数字化转换

5.3.1 生活方式成为数字化设计对象

数字世界与物理世界的无缝交互，逐步纳入日常生活中，与计算机之间从字母数字界面转变为当前占主导地位的图形交互接口，与计算机和设备的交互将成为最常用的互动形式。数字互动将是对话式的、触觉式的生活方式，并嵌入生活世界中。结果，物理世界和数字世界之间的区别将大大消失，对社会和个体的生活产生了深远的影响，变得快捷、方便、简单，同时催生了新的消费模式、出行方式、交往方式、娱乐方式，给生活方式带来更多的选择（帅国安，2015）。数字事物将一切连接到互联网，同时也将人和事物相互连接，还可以嵌入人的身体。社会将处于"始终保持联系，始终在线"，"真实"和"虚拟"生活之间的界限继续模糊。丹尼尔·米勒和希瑟·霍斯特指出，"虚拟世界和现实世界本就是两个对等的空间，不应该厚此薄彼"（丹尼尔·米勒、希瑟·霍斯特，2014）。新的数字认知观念推动着社会向数字化转型，也对未来生活带来前所未有的挑战和沉思。

（1）生活方式多样化

数字技术改变了传统的生产与商业模式，在前端运用大数据分析动态掌握消费者多样、变化的生活需求，在后端通过高效的数字供应链支撑愈发多元化和个性化的产品结构，推动全要素生产效率的提升，为生活提供更加丰富、多样的商品和服务。智能时代的数字技术应用加速成熟，更具流畅交互性能的数字技术都在向拟人的感知方式靠近，试图让消费者摆脱忙乱、烦琐和无趣。基于自己的平台优势和海量消费者购买数据，开辟一个新的购物接口和一个新的消费数据洞察窗口。围绕智能家居的服务逐渐成熟，运营商和零售商正依托亚马逊 Echo、谷歌 Home、苹果 HomeKit 等基础套件测试开发新硬件和服务，如语音助手、虚拟现实、增强现实和智能推荐等功能；家庭空间中的多种互联设备将会整合，智能语音将成为智能家居环境的控制接口。通过互联，家居概念将被重新想象，智能生活打开各种可能。消费者对日常生活中关系最密切的五大领域（家居、健康医疗、汽车交通、安保和运动健身）的数字技术场景应用充满期待。根据埃森哲调查，超过六成消费者更愿意选择提供"产品+服务"的消费类型，通过提供整套的解决方案，实现如智能客厅、智能厨房等服务（埃森哲技术研

消费者对新型购物和服务方式的兴趣度

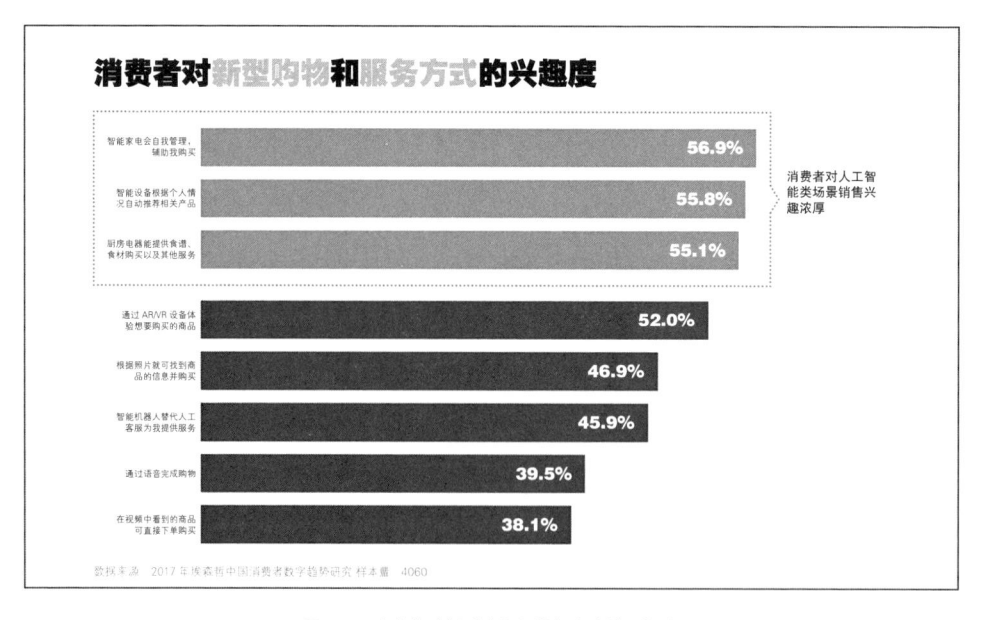

项目	百分比
智能家电会自我管理，辅助我购买	56.9%
智能设备能根据个人情况自动推荐有关产品	55.8%
厨房电器能提供食谱、食材购买以及其他服务	55.1%
通过AR/VR设备体验想要购买的商品	52.0%
根据照片就可找到商品的信息并购买	46.9%
智能机器人替代人工客服为我提供服务	45.9%
通过语音完成购物	39.5%
在视频中看到的商品可直接下单购买	38.1%

消费者对人工智能类场景销售兴趣浓厚

数据来源：2017年度埃森哲中国消费者数字趋势研究 样本量 4060

图 5-8 消费者对新型购物和服务方式的兴趣度
数据源：《2018 埃森哲中国消费者洞察系列报告》

究院，2018）（图 5-8）。由此可见，数字技术广泛深入的应用，以及消费需求的延伸和扩展，导致生活场景、产品和服务也随之丰富和多样化。

（2）生活方式体验化

人工智能、语音、AR 等数字技术的应用为消费者带来了实时体验和实时响应回馈的体验世界。无论是使用生物识别技术来解锁手机，还是要 Alexa 记住购物清单，技术进步意味着消费者已习惯于更快、更无缝的交互，对于未来感或"酷"的消费体验接受度和期望值都在不断提高。现代消费者正在寻找给人留下深刻印象的新方式，诸如智能音箱、数字标识、VR 和可穿戴设备之类的技术都提供了独特的机会，从而使消费者感到惊讶和喜悦。欧莱雅（L'Oreal）化妆品公司利用 AR 技术帮助购物者"尝试"不同的化妆颜色和外观，而无须真实使用任何化妆品（图 5-9）。宜家（IKEA）同样利用 AR 技术开发了一个应用程序，使客户可以虚拟地查看想买的家具在自己生活和工作空间中的适合度，以便在决定前可以"看到"结果（图 5-10）。数字技术重构了商业结构和非结构，同时更了解消费者的行为和偏好，创造出更多个性化的体验和更好的体验互动。

图 5-9 欧莱雅（L'Oreal）VirtualTry-OnTool
数据源：https://www.lorealparisusa.com/our-virtual-try-on-tool.aspx

图 5-10 IKEA Place App
数据源：https://www.ikea.com/au/en/apps/IKEAPlace.html

（3）生活方式个性化

随着越来越多的物联网设备可用，消费者接触点的数量正在增加，媒体和电子商务体验变得更加个性化，使消费者的满足感变得越来越实时和直接，企业正在利用 AI 的能力来理解个体审美和消费习惯，以提供个人用户最有吸引力的内容。英国零售商 Argos 利用 Google Assistant 创建了语音购物服务，使顾客可以在本地商店启动智能语音进行商品检索和购物互动，寻求个体单独

图 5-11 Argos 购物中心的 Google Assistan 的语音购物服务
数据源：https://www.coredna.com/blogs/digital-customer-experience-trends

的体验（图 5-11），以快速找到心仪商品。消费者已经习惯于以个人方式接触商品，这包括根据用户以前的购买情况制定的个性化电子邮件、新闻通信以及产品推荐等，无须说一句话就能得到想要的东西。企业利用消费者的具体数据来确定客户的痛点，跟踪和整理每个接触点和设备上的用户活动，分析用户购买习惯以及社会互动，来提供跨方式的客户体验、更加无缝和高度个性化的服务。

道格拉斯·W·哈伯德（Douglas W. Hubbard）在《数据化决策》中认为，所有的事物——无论是有形的还是无形的，都是可以量化的。只要找到合适的方法，任何事物都可以被量化管理（道格拉斯·W·哈伯德，2013）。而数据决策的基础是数据的量化，即通过深入思考，将现象利用数字化的方法进行表述，使得内容简洁直观。

数字技术的发展，尤其是大数据、人工智能、区块链应用内容和范围的扩大，触及生活的各个层面，人的生存活动空间已经逐步虚拟化、数字化。通过无处不在的数据环境中的量化活动，人们有意识和无意识地与自我、他人和环境进行新型交互。量化生活主要包括三个核心步骤：收集数据、可视呈现和提出建议。将原本经验行为、感性认识以数字离散化分解，通过传感器进行

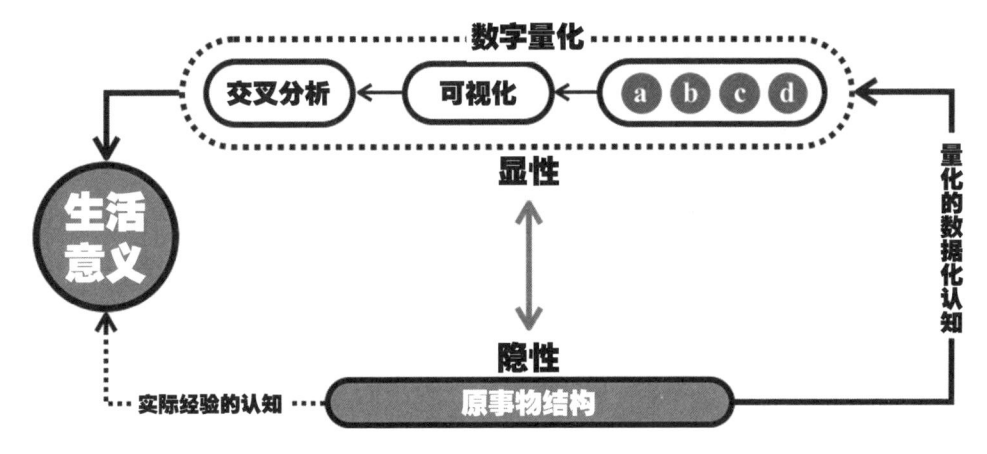

图 5-12　数字量化生活
数据源：笔者绘制

数据收集，以可视化工具表达使数据成为一种信号，加入主观叙述，表达难以言表的事物，深度挖掘难以总结的生活规律，帮助每一个个体清楚观察自我状态和需求，获取最优的生活并创造新的意义（图 5-12）。因此，量化可以将粗粒社会广泛而空洞的普遍需求转化为具体而明确的个体独特需求，同时将模糊不明确的隐性需求转变为清晰可实现的显性需求，并为数字化操作提供数据基础。

5.3.2 设计需求的转换

设计需求来源于个体对日常生活的需要和对美好生活的追求，是设计改变生活的内在动力，是从设计的角度对于事物、社会现实、自我价值和生活态度的重新认知。设计需求是生活变化中产生的一种要求和欲望，是达成设计目的的动机。由于生活状态是变化的，受个体的经验、心态、情感与意志和社会的潮流时尚、文化风俗等因素影响，因此，生活追求的目标在变化，设计需求也在转变，那就是对生活期望的不断调节。满足可以通过设计活动来引导，通过意识与无意识间的转换，对心理层面的平衡和冲突状态进行介入，对需求进行引导、传递和创造。因此设计需求是受生活方式变化制约的，因认知、经验、习惯、生活方式、价值观、社会群体和社会背景等的差异而改变。

数字技术带来人们衣着、饮食、住所和生活更多的便利和智能。受社会的规模效应、流行趋势、人对未来生活的想象和传统文化等的影响，在面对数字技术全面介入生活时，新的设计需求也随之产生。

数字量化、传感技术和人工智能的广泛应用，使以往不知道的、不明晰的事物显现化和规则化。数字量化已经不局限于个体身体健康数据的监测，正逐渐被运用于情感交流、社交互动和消费需求等领域。量化后的数据是对个体和社会行为的数字化客观呈现，数据嵌入、规范和塑造着个体和社会的生活实践，数字化实现了数据在个体、群体、商业组织与社会间的流动，共享的数据为分析和预测个体的行为习惯、商业的周期起伏与社会的发展趋势等提供了前所未有的机遇。在对新生活向往的内因和数字技术应用的外因共同作用下，个体和社会的认知、情感、意志和行动都被赋予了数字化的特征，以至为设计创新引导数字化生活方式形成带来契机，促使设计需求能够从模糊隐性状态转向显性状态，再转向新的更高层次的隐性状态。需求得以不断自我生长，以适应数字化生活的变化。

（1）群体化向个体化转换的需求满足

量体裁衣是消费者对衣着服装的基本要求，因此服装为了适合不同人群制定了标准尺码 S、M、L、XL 等，虽然可以大致确定尺码，但每个个体的身型都不一致，以致买回的服装都有不满意的地方。为了解决个体衣着合体的需求，日本时尚网购平台 Zozo 在 2017 年推出量身定制服装服务。Zozo 平台为顾客先提供一套紧身的 Zozosuit 智能量体衣及一款 Zozo 应用软件（图5-13），希望通过消除标准尺码并为每个客户提供接近定制水平的计划，改变人们在网上购买服装的方式。

此款 Zozosuit 智能量体衣有 350 多个白点，消费者穿在身上，通过 Zozo 应用软件扫描，软件用 12 张照片记录白点的空间位置，根据捕获到的每个唯一白点的位置对身体进行 3D 渲染三角剖分，

图 5-13　Zozosuit 智能量体衣和 Zozo 应用软件
数据源：https://corp.zozo.com/en/news/20171122-3468/

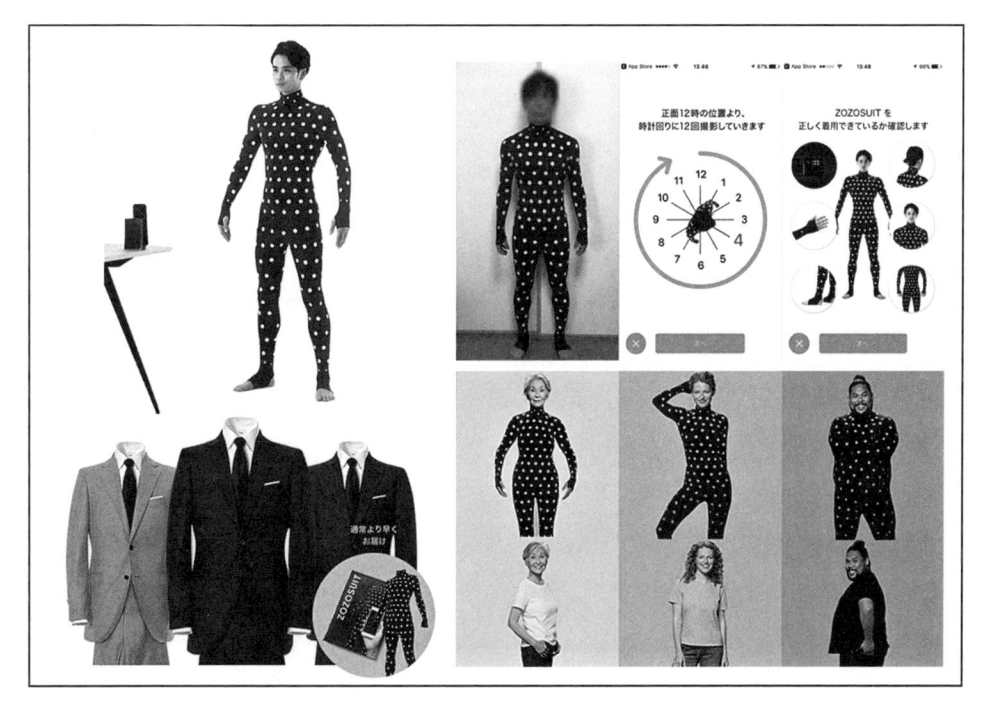

图 5-14　Zozosuit 智能量体衣使用过程
数据源：https://corp.zozo.com/en/news/20171122-3468/

　　计算出身体各个部分的准确尺寸，消费者可以在 Zozo.com 上便捷地下单定制合身的服装（图 5-14）。数字技术解决了传统服装行业无法满足消费者需求的问题，以 3D 身体扫描取代传统尺寸的丈量，让传统衣服标准尺码 S、M、L、XL 等平均值不再有意义，为定制服装的设计提供了个性化的依据。

第五章　数字化生活方式设计　　141

（2）技能经验向技术知识转换的需求满足

在数字时代，人、物、社会重构关系的过程，芯片技术、人工智能、3D打印和扫描等的应用，使数字化认知开启了另外一扇想象之门，给设计一个数字化的新的设计思维，如用量化分析、感应、3D打印、人工智能、AR等技术将技术经验、印象、感悟、默契、技术诀窍、心智模式、价值观、组织文化、风俗等无法直接量化的非结构形式，转化为可量化、可传播、有价值的结构形式。因此，在数字技术急剧加速渗透生活领域的过程中，值得思考的是，如何将人的创意思维充分发挥，帮助需求将感性、经验的隐性认知转化为理性、知识的显性认知。

日本 Open Meals 公司在东京开办的名为 Sushi Singularit 寿司餐厅，利用数字技术创造了一种"传承"传统手工制作的数字化体验（图5-15）。餐厅对寿司食材和传统制作手艺进

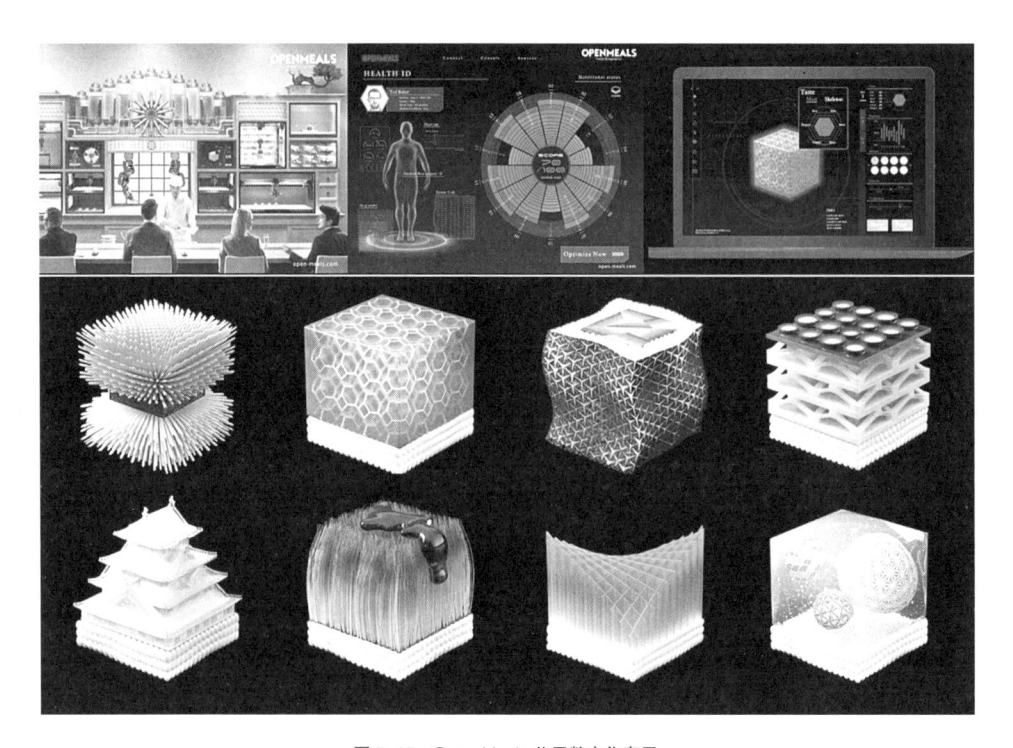

图 5-15 Open Meals 公司数字化寿司
数据源：http://www.open-meals.com/

行无数次的实验，力求还原数字技术的量化解析。3D 打印的寿司在味道和口感上与传统手工制作的没有差异，甚至在视觉效果和设计创意上优于传统手工方式。

由于传统的工艺和手艺大多是口口相传、潜移默化传承的，没有对抽象的知识进行归纳和经验总结，但这又是地域文化珍贵的遗产，有需要和必要让其在数字化社会继续传承。寿司制作技巧是传统技能经验的高度体现，难以复制和广泛传播，Open Meals 公司将传统经验为主的寿司制作技能量化解析为显性的数字技术，用 3D 打印的数字加工方式延续寿司的制作，同时利用数字技术"分解控制"特点重塑了寿司的款式，赋予了寿司数字化的视觉特征。虽然这种方法不一定是保留和继承寿司传统文化的最优选择，但对于弘扬文化和获取商业价值而言，保障寿司质量的一致，使个体经验成为标准化、可复制、可传播的数据，将视觉和口味都绝佳的日本传统美食在各个城市推广，就是一个极富创新价值的数字化设计。

5.3.3 需求隐性与显性数字化转换策略

丹尼尔·米勒和希瑟·霍斯特指出，"虚拟世界和现实世界本就是两个平行的空间，再不应该厚此薄彼"（丹尼尔·米勒、希瑟·霍斯特，2014）。数字技术带来了数不胜数的巨大改变和极具想象力的未来，对生活形态造成一次全新的变革，并为人类社会关系发展带来绵延深远的影响。传统的多个领域被全面数字化，促使商品和服务大量流通，选择更丰富和个性化；传统社会关系被迁移上网，人际沟通之间有了技术作为中介，变得无所不达；人群的聚集方式从血缘、地缘转向兴趣、身份。将工作、消费、娱乐、出行、旅游以数字技术转变为数字化生活方式，得到社会的集体认同，成为一种社会变革的趋势。

数字技术的发展带来更便捷、高效和更具体验感的生活，引发人们对数字化生活的认同，成为社会大众的共同现实需求，一种可察觉、有规律、主流的、大众化的标准生活模式，使生活从日常状态转换为数字化生活方式（图 5-16）。同时数字技术使人们的观念更新，改变了个人和社会的认知，认为数字技术能满足和实现对美好生活的期望，形成了生活方式的更高层次的发展趋势，表达了对更时尚、更革新、更领先的生活方式的向往。这个过程使用技术手段满足显现的需求对象的心理意向，使生活从隐性的日常状态转换为显性的数字化生

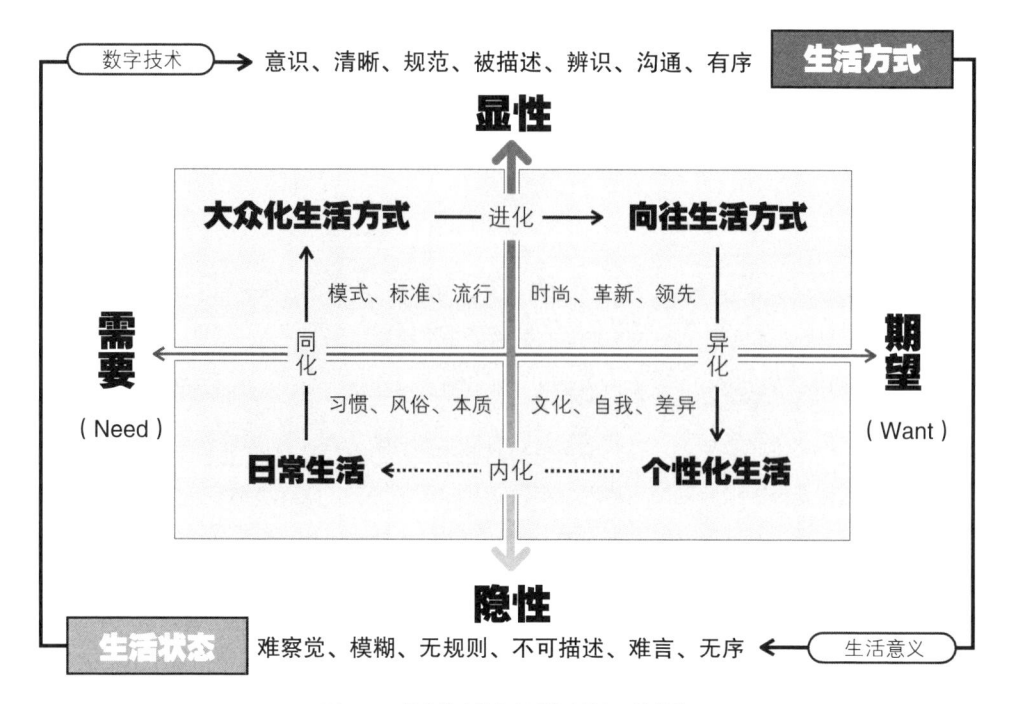

图 5-16　需求推动数字生活的隐性与显性转换
数据源：笔者绘制

活状态。

　　数字技术以需求满足推动着社会向数字化转型，也对未来生活带来前所未有的挑战。在实现数字化生活方式的过程中，个体会因认知状况、情绪反应、文化背景、自我价值等个体间的差异，对生活意义产生理解不同，形成具有个人特色的生活方式。在经历一段时期后，个性化的生活方式逐渐稳定和固化，沉淀内化为生活的日常，成为行为规范、传统文化、风俗习惯、伦理道德和宗教信仰等社会深层内容。这个过程使显性的社会共同需求转化为个体的单独需求，并逐步内化为社会群体不需"阐明规则"的隐性需求，实现更高层次的日常生活状态。

　　生活变化的驱动力是技术的革新与对生活意义的追求。生活方式相对于日常生活而言是动态变化的，二者相互转换，螺旋升级。在此过程中设计的介入，以量化、解析地认知社会行为和生活状态，将社会生活微粒化，凸显微粒差异化的关系，对生活意义进行探索，重新构建连接，进而实现隐性的日常生活与显性的生活方式转换。

5.4 设计方式数字化转变

5.4.1 设计对象的转变

最早设计的理念和方法往往是从物品内部出发的，设计的主要内容也是围绕着静态的物品概念，围绕着功能去探索这个物品的本质，去挖掘这个物品的原型，推敲这个物品的形态和使用体验。

在功能时代设计先是从制作中独立而出，设计师就不再是工匠，接着是设计和工程相互剥离，设计师不再负责物品功能及制作的具体实现方式。设计负责处理形式和功能的关系，关注功能，推敲形态，追求内外一致性。消费社会在物质丰裕的情况下，完成了从"物的消费到符号的消费"的转变，物从关注使用价值和经济价值，扩展到关注时尚、品牌、文化等符号需求，设计也随之扩大到消费领域。在功能主义设计时代之下有各种设计潮流，设计的领域转向了历史文化、个人体验、诗意的表现等主题，尽管这些潮流各有自的表现，但是其设计的本体性，仍然都是围绕功能展开的辨析。

进入数字时代，发生变化的是随之而来的数字化认识形成的过程。数字技术的发展让构造、运作机制更加抽象化，功能组件更加集成微型化，成为一个"黑盒子"，原理和功能转换变得不可感知，功能和形式之间的互生关系逐渐被解除，功能不再是科技如杠杆传动般的直接输出，人与物品的互动都发生在表面。同时，大数据、云计算和人工智能的全面应用，使量化社会成为事实。人的行为、心情、健康，商业的生产、物流、传播和销售，社会个人和群体的交往、关系等都先后被数字解析，成为微粒。设计对象从功能转向了关系，设计范畴再次扩大了（图5-17）。

当从功能主义设计时代进入数字化设计时代，这个时代的更替并非来自批判和颠覆，而是来自内涵的扩充和升华，所以，功能主义设计时代的内容在数字化设计时代仍然延续着其生命力，功能仍然重要，功能和形式的内外一致性仍然决定着设计的一些品性，只是决定事物及其设计的因素并不只是来自功能，更多的决定因素来自外在的关系网络，而且这些成因将在对事物的认知中占据越来越重要的地位。

综观上述，设计内容范围一直在扩展，从物的使用价值到交换价值和符号价值，再到关

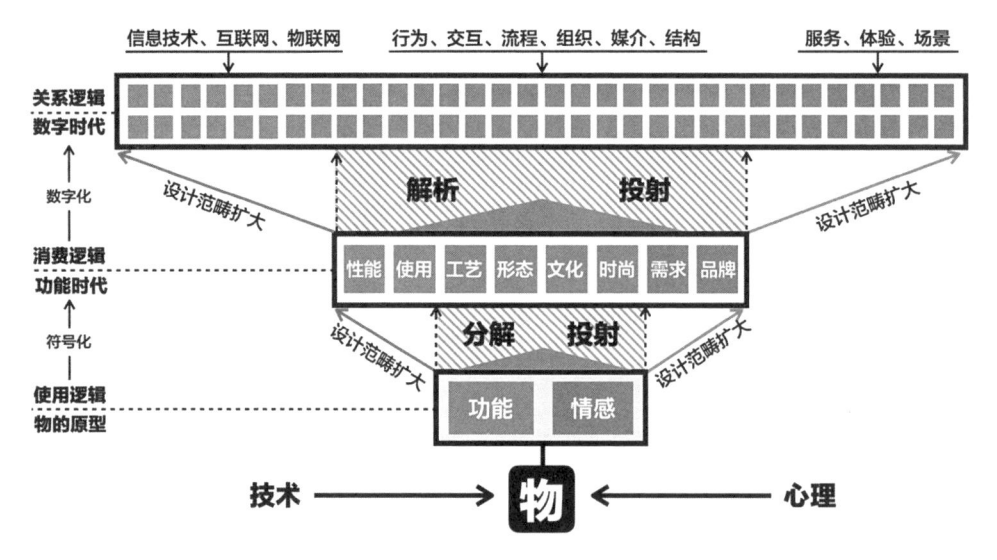

图 5-17　认知拓展设计对象
数据源：笔者绘制

图 5-18　Nike NRC 数字跑步项目
数据源：https://www.nike.com/nrc-app

系的价值；设计也从单一的功能开始进展到相互的联结，成为一个事件、一种商业行为和一种生活方式。如 Nike 公司 2008 年在跑鞋上加装了一个小型传感器，与 Apple 公司合作成立了 "Nike +" 项目，并开发了系列运动 App，开启了运动、音乐、数据、分享和销售结合的数字关系。数字量化分析运动，数据使锻炼更加精细与有效，智能让音乐与运动更有节奏和乐趣，App 提供数据的可视化和群体的互动分享（图 5-18）。

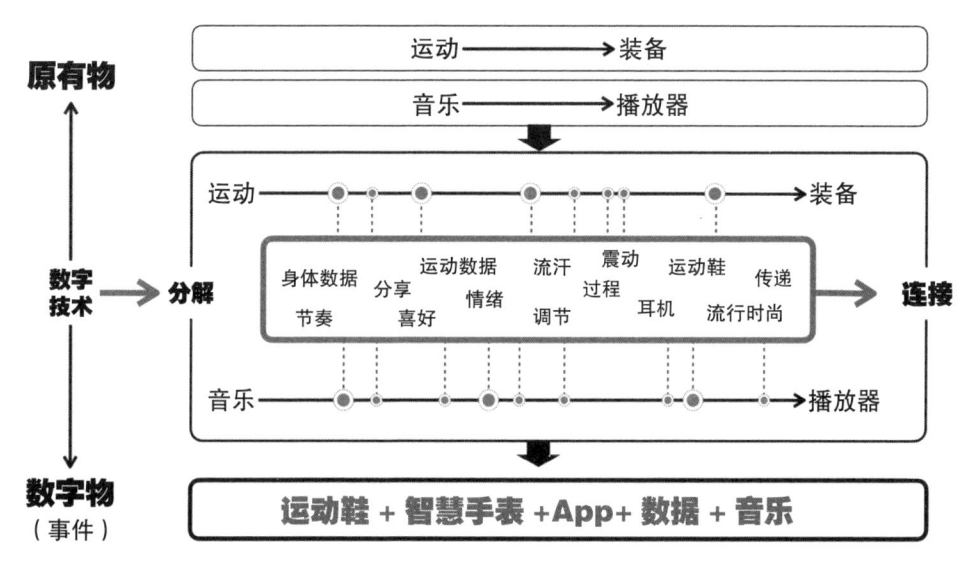

```
原有物 ─────┐
            │         运动 ──────→ 装备
            │         音乐 ──────→ 播放器
数字        │                ↓
技术 →  分解 │   运动 ●─●─●─●─●─●─●─●→ 装备
            │     ┌─身体数据 运动数据 流汗 震动 运动鞋 传递─┐
            │     │ 节奏   分享  情绪 调节 过程 耳机 流行时尚│ → 连接
            │     └──────喜好──────────────────────────┘
            │   音乐 ●─●─●─●─●─●─●─●→ 播放器
数字物      │                ↓
(事件) ─────┘   运动鞋 + 智慧手表 +App+ 数据 + 音乐
```

图 5-19　运动与音乐的数字化结合分析
数据源：笔者绘制

数字化合理的运用，对原有的运动装备和音乐播放器属性分解、提炼和归类，建立起微粒间的数字化连接，既提升运动锻炼的精细化与有效性，同时又构建运动与音乐的节奏和乐趣结合关系，并实现运动数据可视化、群体分享、时尚与消费的数字商业模式。得益于数字技术的广泛应用，设计对象就不是单纯一个物或一款 App，而是一个事件的流程、一个全新的商业模式或一个健康快乐的数字化生活方式，设计对象将从关注物的本身扩大至事件发展的全过程（图 5-19）。

5.4.2 设计体验的转变

事件本身不存在任何意义，意义是经历者在事件的过程中将自己过往的经验和情感注入，或是对事件充满期许而产生的，因此意义就是关注一段经历（事件）后的反思和经历体验的建构（辛向阳，2019）。海德格尔认为，所有生活经验和生活意义都来自个人的生活世界，只能通过研究日常生活中的具体现象，来解释、理解隐藏在表面意识之下更深层次的人类体验。

美国经济学家约瑟夫·派恩（Joseph Pine II）和詹姆斯·吉尔摩（James Gilmore）在《体验经济》一书中提出一种新型经济形态——体验经济，通过用户主动参与互动，并获得印象深刻的亲身经历，事后能深层次理解意义的体验活动（派恩、吉尔摩，2012）。体验来自被营造事件和体验者前期的精神、存在状态之间的互动，按照参与的主动与否以及参与者和背景环境的关联，数字生活中的人、物和社会的微粒化过程，导致日常生活中的行为习惯、社会交往、消费购物与传统的生活模式的本质差异（代福平，2018），需要重新营造新的数字化生活场景，以数字化体验的方式满足差异化的需求，实现自我价值。传统意义上的体验满足不了微粒社会需求，体验不再仅仅关注用户使用产品或服务的感受，而是不同的单体在互动过程中产生的事件，体验成为可以被消费的商品，不完全是个人的某种经历。

设计需要从解决事物的功能与其形式的关系，转向探索情感的传递、关系的连接、意义的创造（何晓佑，2019）。驱动转变需要在设计中将物的设计转变为事件的设计，以体验的方式感受生活的美好。加斯帕·L·延森（Jesper L. Jensen）认为设计要对预期的体验结果负责，因为产品、服务和系统的设计直接影响体验结果（加斯帕·L·延森，2016）。"体验设计不再是产品或服务设计的准则，而是有自己的特定研究对象的新设计领域。"如今进入数字时代，用户不断被颗粒化，数据记录每个用户的各种信息，并且进行分析，单个的行为能够在更高的数据分辨率下重新发现问题，旧有的人群分类概念则难以解释清楚（王愉、辛向阳、虞昊、崔少康，2020）。数字技术催生智能科技，极大地改变了生活环境，更多不被关注的、没被发现的问题显露出来，包括以往认为是正确的观念也需要重新解释。从粗粒社会演变到微粒社会，随着设计可能性的增大，体验作为设计对象的范畴也随之扩大（陈炬，2019）。

数字的力量在于用户的单体化、操控的精确化、连接的多样性，要求体验设计重新思考微粒社会的用户在数字场景下动态行为、连续互动的过程中创造新的价值。

（1）产品体验

产品体验关注的是有形的物理造物。体验产生于设计者和生产者赋予产品的形状、色彩、触觉和基本功能中，更注重产品带给用户第一次接触的印象，强调产品的外在形态和感官的惊喜。用户是被产品直接感动而产生体验，由于是人本能和直接的反应，达到满足心理欲求的体验往往是最深刻的，是成为经典设计的必需条件。如 Nike 公司为使用者提供的专业运动鞋，以动感的线条、鲜亮的颜色给消费者充满活力的感受，同时提供了对脚的运动保护并

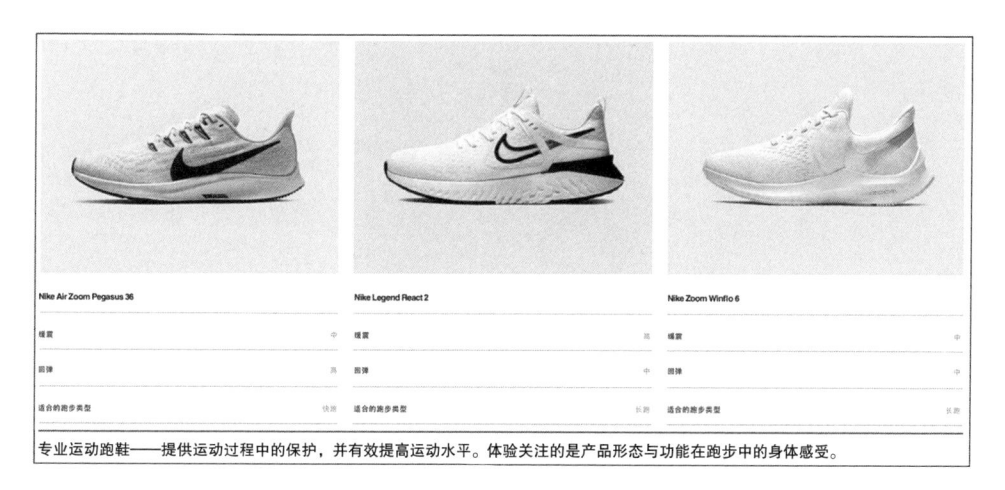

图 5-20　Nike 公司专业运动鞋的产品体验
数据源：https://www.nike.com

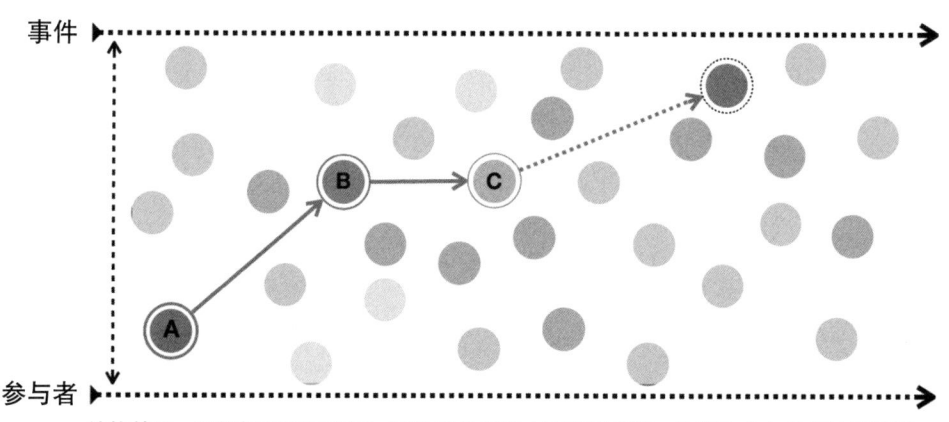

图 5-21　产品体验的线性模式
数据源：笔者绘制

提升竞技水平的基本功能（图 5-20），因此 Nike 公司的专业运动鞋成为业界的标准。

产品体验建立在物理逻辑认知的基础上，对事件预先设定好，有意识引导参与，过程中事件与参与者在相对封闭的情景中直接交流，容易进入最佳体验的心流现象（图 5-21）。因此，产品体验是在封闭情景中被引导所产生的简单而直接的体验模式。

（2）行为体验

行为体验并不是把物理状态的产品作为最后的体验结果，而是认为使用产品过程中的体验才是最终的结果，设计从物理逻辑转向行为逻辑。设计师将产品放入事件推进的过程中考虑，使产品成为事件过程的体验接触点之一，用户不仅仅感受产品的使用，更多的体验来自事件的相关性，因此，体验的范畴扩大了，设计要思考的范畴也随之扩大。设计师根据事件情景、文化内涵、目标和意义设定体验方式，根据人的行为习惯、过往经验和情感变化来设定行为过程，遵循的是行为逻辑，不再是对诸如功能、结构、材料、色彩等传统工业设计关注的物理逻辑。Nike 公司与美国 NBA 明星迈克尔·乔丹联名推出为年轻人设计的潮流运动鞋（图 5-22），在运动鞋的功能和形态上满足对篮球运动的诉求，融入了球迷对迈克尔·乔丹认可的情感和篮球文化。运动鞋已不是以运动为目的，穿着的行为过程是对篮球文化、品牌价值和潮流认同的体验。

图 5-22　Nike 公司潮流运动鞋的行为体验

数据源：https://www.nike.com

150　　数字设计：隐性与显性转化的设计

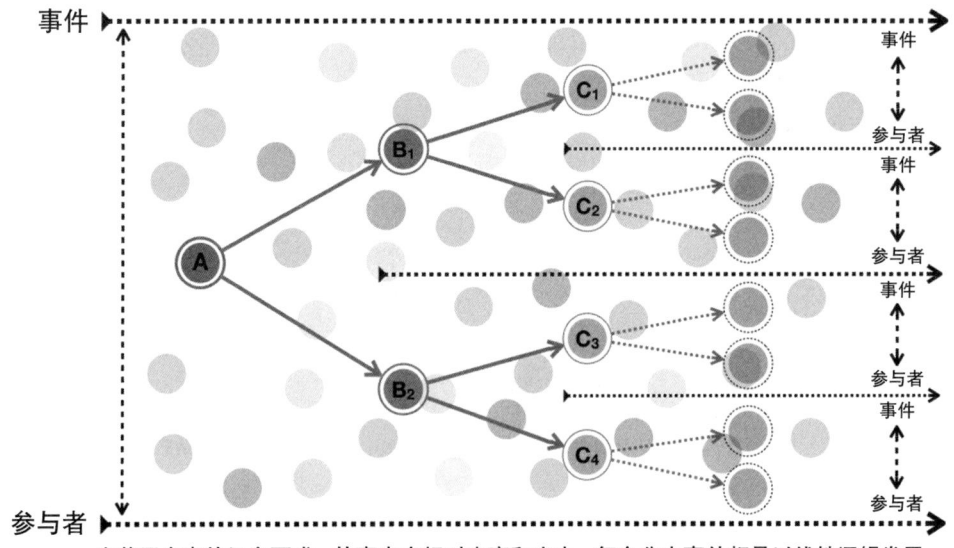

由若干个事件组合而成，故事内容相对丰富和宏大。每个分支事件都是以线性逻辑发展，体验点从单一事件转移到事件间的关系，注重行为过程。

图 5-23　行为体验的树状模式
数据源：笔者绘制

　　行为体验在物理逻辑认知基础上，将物置入事件中，以行为逻辑思考情感互动、文化内涵、行为习惯等因素。由于是多线程地考虑问题，事件和参与者都有更多选择，体验的内容和方式比之前丰富。体验是预先设定好的，使用者沿着规划好的路径才能够获得（图5-23）。因此，行为体验是在相对封闭情景中被引导所产生的过程体验感受。

　　（3）互动体验

　　互动体验是微粒社会中微粒互联特点的呈现，建立规则，打造平台，营造场景为参与者提供参与体验旅程的机会，允许使用者根据个人的喜好、需求自行建构事件，与他人共同完成若干个小事件而构成一个宏大的事件。过程中既满足了功能需求，又实现了不同用户的自我价值，也让用户产生对未知的期许。微粒社会中的单体彼此独立、分离，不同于粗粒社会的人群分类，既是消费者也是生产者，参与事件的全流程，最清楚自我的需求，因此在微粒互动中，主动连接需求，这种连接是参与者自发的，是不可预测的，创造了新的体验。2017年Nike公司基于数字技术开始定制球鞋的模式，将运动鞋设计出一个基本模型，把鞋型数

第五章　数字化生活方式设计　　　151

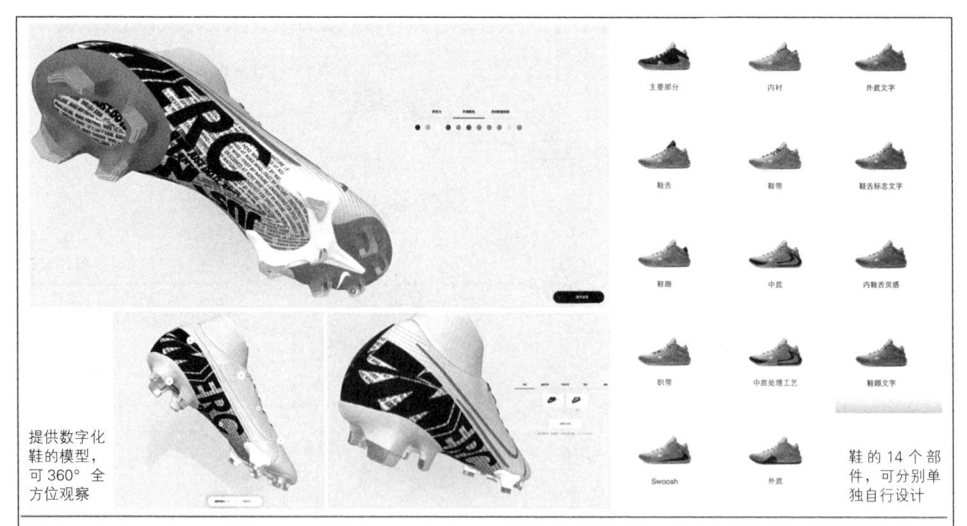

提供数字化鞋的模型，可360°全方位观察

定制运动鞋——提供基本的 3D 鞋款，自行设计鞋部件的参数，创作一双独一无二的鞋款。体验关注的是产品差异性、参与式设计的成就感。

鞋的 14 个部件，可分别单独自行设计

图 5-24　Nike 公司定制运动鞋的互动体验
数据源：https://www.nike.com

字化后上传，将鞋的结构解析为 14 个部件（图 5-24），消费者根据自己的喜好对每个部件进行自我创作，再提交给 Nike 公司生产（图 2-24）。消费者得到的不仅是一双独一无二的运动鞋，还参与了设计，所产生的成就感是其他消费体验无法比拟的。

数字技术量化了生产过程，将消费群体分解为微粒，以至生产者与单体、单体与单体得以互动和连接。互动体验是微粒社会特有的体验模式，是微粒间连接而构成的，与线性、树状模式存在着根本差异。网状叙事结构更加复杂和多变，是一个开放、互动的超文本，在同一个事件中，允许消费者参与，从不同角度介入并自行构建事件分支，随着事件的进行相互影响并产生新的变化，双向和多维的连接让互动体验更加丰富，所得到的体验是独一无二、无法复制的（图 5-25）。

体验因社会、技术的发展而改变，三种体验并没有高下之分，只是在不同场景下对生活需求的各自满足。就如 Nike 公司的球鞋，既有提供专业运动功能，充满运动符号的球鞋，也有联名版、复刻的潮流球鞋，还有通过官网定制专属球鞋，三种不同球鞋提供了不同的消费体验方式满足消费需求。

数字化设计对于传统设计是一种革命：设计领域的扩大；设

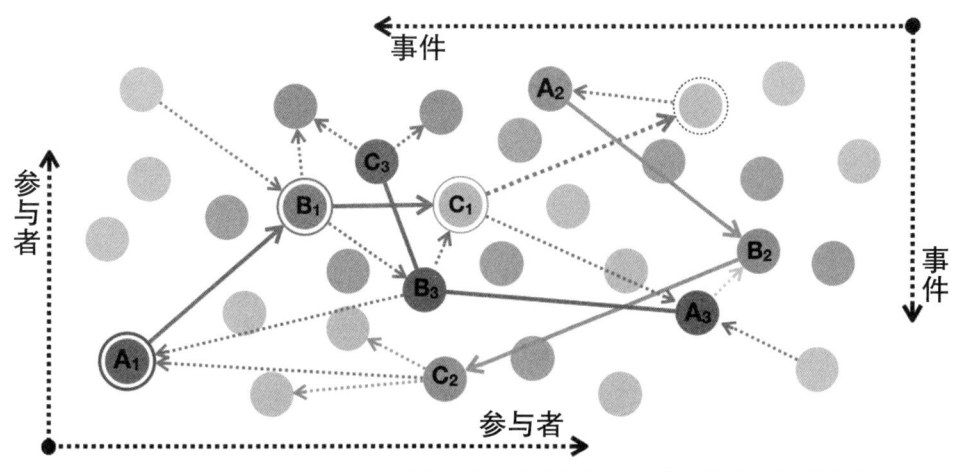

网络的开放和数字技术的分析量化，事件和参与者微粒化，产生新连接的需求。多人参与，互动频密，相互交集和影响，产生的体验因人而异。

图 5-25 互动体验的网状模式
数据源：笔者绘制

计认知、设计需求和设计体验的转变；设计的事件从单一变为组合；用户从群体分类到具体化的单体；个体从被动变为主动参与，从被引导到自行创造（陈炬，2019）。设计从对物的理解延伸到对相互的连接，从人与物狭窄封闭的交流到开放自由参与的互动，从对物的动作操控设计到对微粒间互动的体验设计。

5.4.3 数字化生活方式的隐性与显性转换的设计策略

数字世界与物理世界的无缝交互，逐步纳入日常生活中，与计算机之间从字母数字界面转变为当前占主导地位的图形交互接口，与计算机和设备的交互将成为最常用的互动形式。数字互动将是对话式的、触觉式的，并嵌入生活世界中，将一直保持连接到互联网，同时也将人和事物相互连接，还可以嵌入身体，社会将处于"始终保持联系，始终在线"，"真实"和"虚拟"生活之间的界限继续模糊（邓力源、蒋晓，2019）。物理世界和数字世界之间的区别将逐渐消失，对社会和个体的生活产生深远的影响，变得快捷、方便、简单，以明确清晰的方式催生新的消费模式、出行方式、交往方式、娱乐方式，给生活带来更多的选择。

数字化改变了我们的生活，使新的生活方式成为可能。数字化还应该是一种方法——一种从另一个角度看世界认知的方法：

以量化分解视角将生活微粒化、细节化，将事物的功能和需求以及关系和属性显现出来，包括之前从没发现的隐藏关系和属性，给设计提供了一个创新的机会，重新连接功能、需求、关系和属性的可能。设计引导数字化生活从模糊到清晰、从复杂到简化、从未察觉到可控的转换，将模糊复杂的事物简化，使其条理分明、意识清晰、规范有序。

生活方式是日常生活的部分，是以特定形式存在的生活状态。推动数字化生活状态隐性与显性转换应该是两个方面：一方面是数字技术推动，另一方面是认知、心理变化和生活需求，最终形成设计推动数字生活的隐性与显性转换模型（图5-26）。因此，数字化设计引导生活方式转换应该包括：形成社会的共同认知，以量化、解析的视角认知社会行为和生活价值，从意识层面进入无意识，甚至是集体无意识层面，最终沉淀为社会文化原型的一

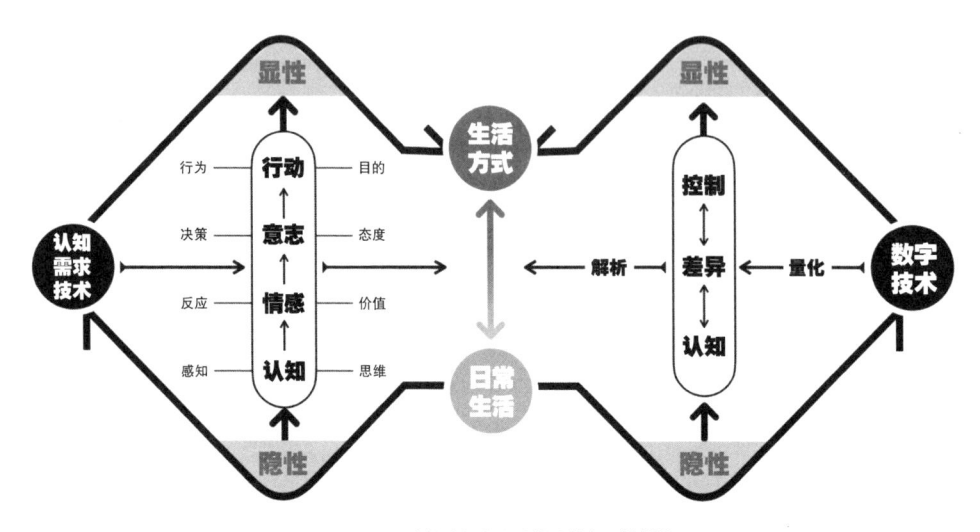

图 5-26　设计推动数字生活的隐性与显性转换
数据源：笔者绘制

部分；以数字技术重新连接生活需求，创造数字化生活意义。

　　功能主义的设计方式在数字化设计时代仍然存在，设计仍然要去探究事物的功能与其形式的关系，只不过功能对形式已经不具备决定性的意义了，而是更强调情感的传递、关系的连接、意义的创造等。数字化设计认知能更加精确地认知自我和客观世界，将设计对象转变为颗粒度更小、更具体的微粒，促使微粒间彼此的连接成为一种开放自由、共同参与的设计新模式。数字化设计更加关注微粒间的关系，通过不同的连接实现体系的突破，以微粒聚散集合满足创新的需求，设计对象不再是一成不变的稳定形态，而是变幻莫测的形状。由此可见，转换就是一个从无形到有形的过程、从认识到理解不断升华的过程、生活隐性状态与显性方式的变化过程。所以在转换的过程，数字技术是生活转换的外因，期望和社会制约是内因，而设计引导数字技术与社会认同达成平衡，探索生活的价值，实现生活的意义。

本章小结

在数字技术解析社会现象中,通过量化生活场景发现追求数字化的生活成为现阶段的生活时尚,生活的状态由隐性转变为显性的数字化生活方式,进入一个以单体构成的社会,数字技术将人与人的差异显性化,将认知以数据的方式提升精确度,并以数字控制重塑社会形态,赋予设计更加深刻的数字化理解,为数字化设计策略形成指明研究方向。描述解析数字化生活现象和设计案例,力图透过现象表征,厘清设计认知、需求和方式的数字化转变规律,给予叙述、解释并总结,逐步揭示数字技术对设计的改变。在哲学、社会学、心理学研究基础上,将数字化设计认知的形成与数字化生活的隐性与显性转换的规律相结合,通过设计引导数字化进程,梳理出设计推动数字生活的隐性与显性转换策略。

第六章 数字化设计的隐性与显性转换策略

6.1 数字化设计的隐性与显性转换原则

6.1.1 认知转换创新原则

纵观历史,技术的创新对认知生活产生了巨大影响,每次技术进步都为随后的创新认知开辟了新的机遇和可能性。认知创新是"设计一种解决问题的新方法,或开发利用环境的新方式"(Fabry,2017)。这表明数字技术导致的新认知是一种设计创新方法,数字化认知就是将对现实生活的理解转化为以 0 和 1 为代码的数字理解。数字化认知作为新的认知可以补充、增强或改变特定社会群体的整体认知潜能。数字化认知在转换过程中有着双重作用:首先,数字化认知本身就是一个复杂的认知过程,通常涉及与认知环境的探索性相互作用;其次,数字化认知推动产品的创新。

将生活中的事物经数字化处理,成为数据在数字环境下运行。事物转换为数据的过程是离散化的过程,将物理环境下的事物转换为计算机可读的数字格式,通过生成一系列数字来描述对象、图像、声音、文件或信号的形式,有着清晰严谨的逻辑和算法;现实中的事物受到外在和内在因素影响,存在许多杂乱、不明晰和难以量化的属性。因此,对生活和事物的现实的理解是感性和模糊的、未经系统化处理的隐性的认知,数字世界以数据构成,是理性而清晰的显性认知。

认知相互转化的过程,将设计从使用逻辑延伸至消费逻辑,再扩展到数字社会的关系逻辑,设计的范围从原来强调物的功能和形式,转换为注重体验和互动。数字化设计不仅是面对发现问题和解决问题,还应包括情感、意义、价值等隐性的问题。因此,认知转换过程导致设计必须产生一个全新的设计认知,推动设计不断创新。在设计创新的过程中,新的创新难以在现有的显性知识上直接获取,而设计创新的对象主要是显性知识,设计对象主要是可见、易观察的相对理性的事物实体,因而,数字化社会下,现实生活的隐性认知转化为数字化认知。要把认知顺利转换为数字化,必须对认知属性进行梳理:将复杂的主题或内容分解成较小的部分以便对其更好地理解,将其分类为"内部粒子"和"外部粒子"。通过对粒子的离散和抽象处理,把认知从复杂不清的状态转换到逻辑分明、网络交换的数字化认知。

6.1.2 分解—连接原则

数字化是社会现阶段的一个显著特点，数字技术和数字化文化将成为生活中不可或缺的内容，人必须适应数字化社会的变化。新的生活状态充满了数字微粒的特征，与传统的生活方式有着思想和行为模式的极大差异，以数字化认知观念重塑生活方式，创造新的生活体验。

（1）分解。数字科技高度发展，通过感应、计算记录每个人的行为，以数据方式分析进行数字化，每个人的生活都可以量化分解，将那些看不见的个体特性——显现，个体的内容、需求、行为、喜好、欲望就如在显微镜下观察一样，生活的细节清晰可见、易于识别。同时，数字科技也给了设计每个人、每个物体、每个项目精确的定位，事物各个维度的特征都可以被量化和分解，发现独一无二的个体化性质、特征、相互关系、变化趋势。传统取平均值统计个体和社会的方式过于概括，不足以或者说不够精确表达微粒的特征，对数字化的设计决策提供不了支撑。

设计通过数字化分解，能够将一些不具体、模糊的因素用抽象的图形、公式和表格表达，从而达到直观分析比较的目的，用数字形式呈现设计对象的各个维度的特征，用数据可视化给出结果，并描述或揭示项目现状的特征、相互作用关系和发展趋势。

（2）连接。事物被分解后，个别化、单体化，隐藏的微粒差异纷纷呈现。由于被微粒化，事物原本关系链不复存在，需要重组关系。每一个微粒都是独立的单体，单体间的差异产生了不均衡的状态，迫切需要连接回到平衡状态。微粒间新的细化、精准连接，就是创造一个新事物，构建人、物和社会新的关系，每次新的连接就是把事物从原来状态转换为一种新的显性形式，是一次关系的重组、一次设计创新、一次生活的体验。

从事物数字化分解连接的角度而言，也可以说是一种设计创新过程，二者都能把事物从原来状态转换为另一种新的显性形式。

6.1.3 意识冲突和融合原则

数字化正在改变我们的世界观和价值观，改变我们对身体、自然和客体的认知，我们也已经意识到数字化改变是大势所趋不可逆转的，思想既兴奋和憧憬，也担忧和失落。一方面，意识到数字化浪潮、数字技术发展对生活巨大的改变和对未来充满渴望的外因影响，消费、娱乐、出行、交往和工作中都开始全面拥抱数字技术，生活已经离不开数字了；另一方面，受自我认知和价值观等影响，无意识的自我认识、情感、意志和行为保留原来的习惯，如对以前生活经验和集体无意识原型的趋同，对传统生活文化、道德观念的眷恋，深层次的生活意义思考，及对数字化进程反思，等等。二者的先后发展，认同不一，导致在意识层面出现了情结冲突。

在解决冲突的过程中，显性的数字技术认知和隐性的无意识碰撞和融合，相互渗透、积极交流，使认知、情感、意志和行为维度改变数字技术的冰冷，使数字化设计在生活应用中融入更多感性、生活原型的因素；反之，数字技术长期应用，在个体无意识和集体无意识层面沉淀出生活原型，成为社会认同的部分。通过情结冲突和融合，设计可使数字技术为人所用，服务于生活的美好，以人为本的宗旨；技术与意识的冲突和融合为哲学思辨与生活意义探讨提供新的内容物。

6.1.4 生活状态—方式转换原则

生活状态变化一个很重要的因素是日常生活的外部因素，是日益增长的数字化内容，这些外部的现代性因素大量流入日常生活中，导致生活状态出现了多样化、个性化和体验化的社会属性，直接将模糊、无规则的生活状态变为结构性呈现的客观而有形的形式，如数字化消费、数字化交往、数字化娱乐和数字化家庭等。数字技术是社会转型的手段已经成为社会的共识，数字化成为现代生活的一个时尚符号。数字技术成为社会化的工具，工作和生活中聚集的数字技术将不同的甚至对立的因素结合在一起，将无规律、难以描述的日常生活转变为结构清晰、大众认同、符号化的生活方式。

数字化正逐步改变日常的各种关系，撬动了旧有模式下的社会结构和生活理念与方式。数字技术对于有形的物体还是无形的事物都以量化的方式进行解析（道格拉斯·W·哈伯德，2013）。这是一种对认知、需求、消费和日常生活的运行规律数字化的设计。设计将生活分解为微粒,寻找微粒间的差异,通过差异建立新型的数字连接关系,连接就是生活显性和隐性需求间转换的设计通路。微粒的差异使得生活不再是一成不变的稳定形态,而是具有液态特性动态的生活,数字化驱动了日常生活隐性状态向显性生活方式转换。数字技术以温柔的方式控制着社会情感,以令人难以察觉的方式操控生活,以条理化、规律化、明晰化塑造数字化的生活方式。

现阶段,数字化影响了生活表面中易被感知、被认识的层面,成为一种变动性生活方式或阶段性生活方式。随着生活方式深入发展,设计引导数字技术与行为规范、传统文化、风俗习惯、伦理道德和宗教信仰等社会深层内容融合,生成稳定的生活方式。

6.2 数字化设计隐性与显性转换的方法流程

数字革新引起了时代变化，从机械、仿真时代进入了数字时代，设计从物的设计走向连接的设计，设计的改变已经触及个体的自我需求和价值观层面，改变了认知范式，从"具体、连续、实体"转向"抽象、间断、现象"，推动生活的隐性与显性的转换。

在功能主义设计时代，"物品是怎样制作而成"中牵涉的生成因子是固定和静态的，绝大多数来自物品的内部，来自物品的功能需求，来自技术实现，来自加工工艺等，而到了数字化设计时代，这些固定和静态的因子仍然有作用，但是事物生成的决定因素更多地来自事物的外界，来自用户的认知，来自市场的区分，来自事物的关系网和数字技术的应用。事物通过定义设计场景，数字的量化将属性和关系显性化，数字化连接后经过数字加工成为新的数字物体，实现隐性与显性转换，传统的物转变为数字物，承担起意义的传达和交流作用。数字化设计可以通过以下 5 个步骤（图 6-1）对事件开展设计流程。

6.2.1 场景定义

事物是由多种关系组成的综合体，不同关系构成不同的属性，因而不能静态地、孤立地去看待事物，要将其放置在关系的场景中观察和分析。物体类别繁多、构成复杂，涉及的范围极广，因此在研究具体的物之前，必须对物进行研究界定。物体作为一个逻辑存在，表现为一个数字环境组成部分的逻辑基础设施，不断地重新建立与协同其他物体、技术系统、事件和用户在缔合环境中的关系；同时，物体承担着维持情绪、氛围、集体、记忆等功能。这

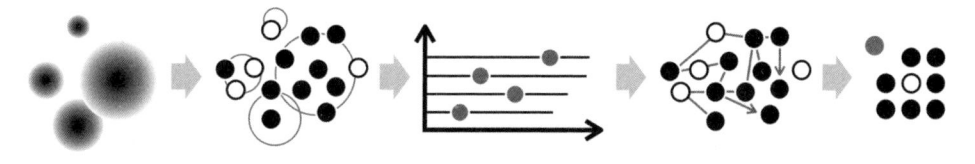

（1）场景定义　（2）数字量化解析　（3）属性提取和关系分析　（4）数字化连接　（5）数字化加工

模糊　　　　　　　　　　　　　　　　　　　　　　　　　　　　　　　清晰
隐性　←——————————————————————————————→　显性

图 6-1　数字化设计隐性与显性转换流程
数据源：笔者绘制

使对物的分析要有一个动态和积极的理解,其方式就是将物体内部与外部关系数字化,构建一个物自身的环境,将物体的关系转化为数据,能够清晰量度,并扩展对物体的分析范畴,使客体间性从无形变为有形。

物品诞生并存在于人与物的需求关系中,市场和社会的发展使得人与物之间的关系更加社会化,同时物品之间也形成了社会化的关系。物品成了能够承载这些关系的容器,物品由这些客观因素促成,场景定义离不开科技、市场和用户。

6.2.2 数字量化解析

如果数字化认知将事物的因素看作微粒,就可以通过量化工具、传感器等技术,以离散和抽象方式为把原本连续的事物分解及类化成一个个最基本的微粒,认知尺度提升到前所未有的细微精确度,对个体和社会都能实现显微化认知,将这些微粒根据事物的属性和关系差异进行分类,分为"内部粒子"和"外部粒子"。内部粒子与功能构建相关,外部粒子与各种"关系"相关,在设计中起主导作用,而且因其动态性,其也最需要被研究。将微粒视为独立的单体进行分析、对比彼此的差异,从而为设计找到没发现的、模糊不清的、没有规则的事物的规律,及对各种关系的发现和测量。

设计在数字量化解析的赋能下,转变了设计认知,将以前无法表达或解释不清的复杂事物扩展为设计对象,这也是一个从模糊到清晰的设计认知过程。

6.2.3 属性提取和关系分析

物体之间并不是孤立的,它们相互关联,存在各种各样的关联关系。对其全面分析是件庞大的工作,因此,开始就必须设定任务目标,厘清物体间的属性关系。物体的数字解析就是建立物体属性的连接关系,对物体的属性和关系进行抽取并整理,形成一个数字化的格式,从而精确定义和具体化,实现非物质变为可计算数据,属性由隐性变为显性的转换。

(1)自属物关系,指与自身所属的同一类别的物品相关。每个类别都有一个原型,无须解释就可以知道它是什么,并且可以快速、自动地识别和理解它们。同一所属的物品在如今类型是如此繁多，但并非任意的、无迹可寻的。

（2）它物相关。研究物品体系的关系，没有一个物品是单独存在的，设计最终都会被放到应用场景中，它们之间会相互关联。提取和分析的是关系融洽度、环境相配度及关系的冗余度。

（3）人群研究。群体特征会从一些典型用户身上凸显出来。数字社会给设计师的人群研究带来了极大的便利和资源，因为通过数字量化分析，人群的喜好、态度、价值观、品位等都可以数据化，还能看到这些数据的变迁和流动。

（4）关系研究。就是关于"这个物品意味着什么"，在这里就是"对于用户这个物品意味着什么"。物品又可以向下细分，每一处的设计、每一个细节对用户来说都有可能意味着什么，无论是形态、材质、还是颜色，这种意味并不是针对个体的感受，而是关于群体的共同认知。同样的物品、同样的设计、同样的颜色，放到不同的关系网中，就具有了不一样的意义。

（5）功能和需求。属性提取和关系分析指对内部因素的功能分析，包括满足使用需求的功能变化，如技术的创新与改良、功能的增添与减少。特别是数字技术的普及，对已有功能的创新以数字方式满足需求。

6.2.4 数字化连接

对于已经量化分析的数据而言，要使其创造新的价值，必须要重新定义。事物已经分解为微粒，为再次连接提供一个新的定义机会，而每一次连接都是关系的重构，新的连接就是设计赋予新的意义。根据麦肯锡全球研究院给出的数字化属性（Dörner，Edelman，2015），数字化连接应该包括在新领域创造价值、在客户体验流程中创造价值、建立基础数字能力以及数字化应用场景。

（1）定义新领域的价值。数字化需要开放地重新审视整个事件的运作模式，并了解价值的新领域在哪里，识别出最佳资源，并利用数字技术将其整合起来，尽可能跨领域开展价值创新。

（2）定义体验价值。充分数字化解析用户，了解个性化和优化用户旅程，提供最新的数字化接触点，融合数字和物理体验，进一步优化使用体验。

（3）定义功能价值。对已分析的数据和功能属性进行整合、消歧、加工、推理验证、更新等，创造性地开展合作以扩展必要的功能，促进关键技术的研发和应用，优化流程和技术迭代。建立新型的技术和组织关系，使流程变得敏捷、快速。

（4）定义数字化应用场景。以人群和关系研究对应的社会属性、商业属性和文化属性等，定义事物在应用场景中人、物和社会的数字化关系链。

6.2.5 数字化加工

数字化加工的本质是以数字技术对微粒聚合和逸散，聚合在一起形成内部粒子的功能化组合，产生形态；逸散的是外部粒子，形成各种人、物和社会的关系。同时对这些微粒进行连接，开展有形和无形的设计，并以数字技术手段实施。数据加工的对象不局限于实体间的关系，过程中可以是一个App、策划案、视频、一段经历或服务，也可以是一个实体产品、空间等。

物被以最合适的方式呈现给用户，结合事物自身的系统和已建构的数字系统，实现最优的功能服务，提供最佳的使用体验。物的数字加工是在新应用场景下，对数字化连接的数据进行融合和加工，将数据重新集结构成一个新的物体。

6.3 隐与显——生活的数字化创新设计实践

以研究的结论作为设计实践的指导思想，对数字化设计原则和方法进行注解和验证。通过设计引领数字技术在生活场景的创新应用，探索日常生活与生活方式的数字化转换（图6-2），以日常生活为应用场景，对生活中行为、意志、情感和认知进行数字化思考，挖掘隐性与显性转换的可能，将模糊的事情规则化、明晰化，成为向往的生活方式，这是社会进化的过程。反之，从生活方式转换到日常生活，则是对文化、情感、差异的个体追求，实现自我价值，这是社会异化的过程。本节通过以下两个设计实践案例，验证数字化设计方法对于生活形态和生活方式转换的作用，以期在数字化进程中设计更应该关注生活细节，注重关系建立，实现自我价值，传承文化习俗，创造社会价值及赋予事物意义。

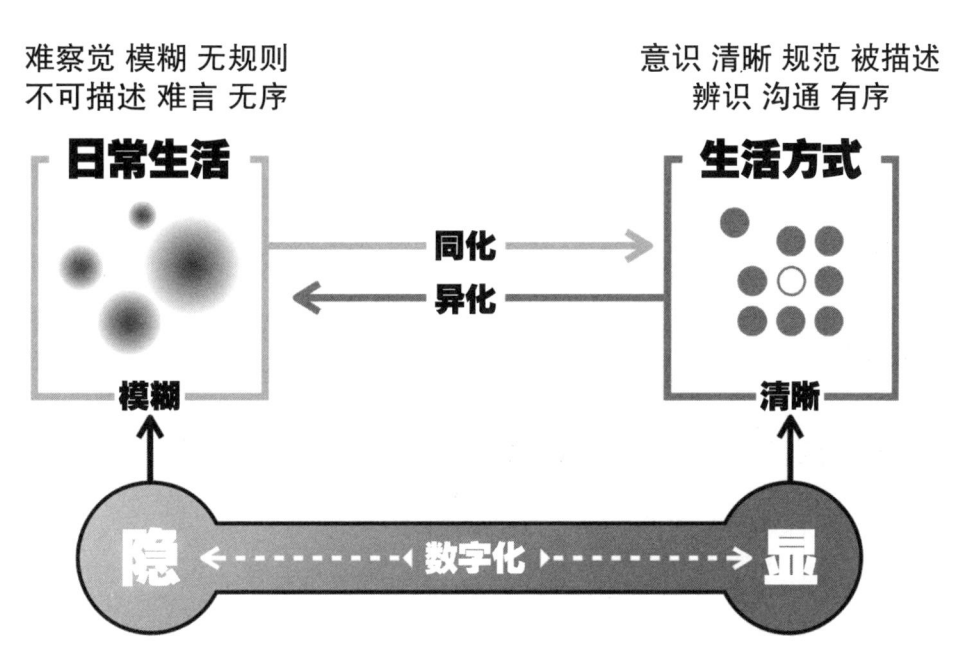

图 6-2 生活的数字化隐性与显性转换
数据源：笔者绘制

6.3.1 "时序"数字化时钟设计

（1）时间认知的分析（图6-3）。时间在哲学理论中是本质研究对象，同时与日常生活紧密相关，是一个在不同阶段都历久弥新的设计问题，反映的是对生活意义的思考。不同的生活体验、经历反映出很多不同的时间认知，如冬去春来（轮回认知）、一盏茶（生活短暂的认知）、一日不见如隔三秋（心理认知）等；在科学技术发展过程中，将时间视为构成宇宙的物质，对其认知也不断加深，如格林尼治时间（标准时间的认知）、第四维度（时空的认知）、计量时间（微粒化的认知）等。因此，对设计而言，时间不仅是一个叙事记录、因果关系的工具，同时也是一个衡量生活的标准尺度。

数字技术快速发展，丰富了对时间的认知，同时投射到生活中，与生活中旧有的认知产生冲突，带给设计一个极富挑战的思考——数字时代如何认知时间？

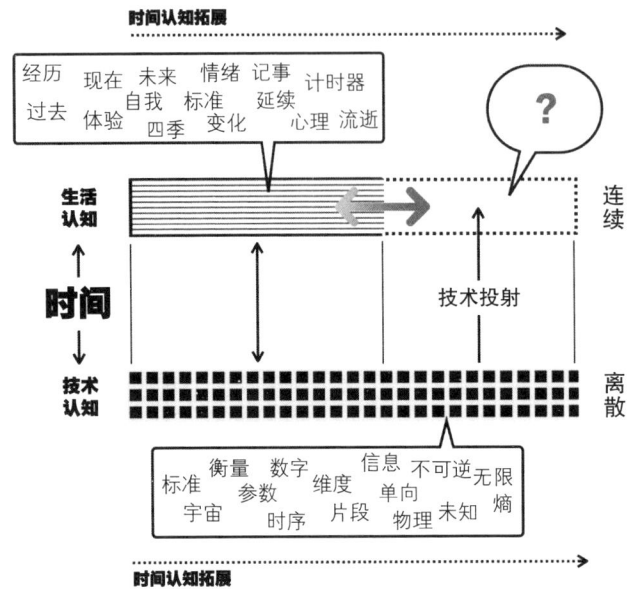

图6-3 时间认知的分析
数据源：笔者绘制

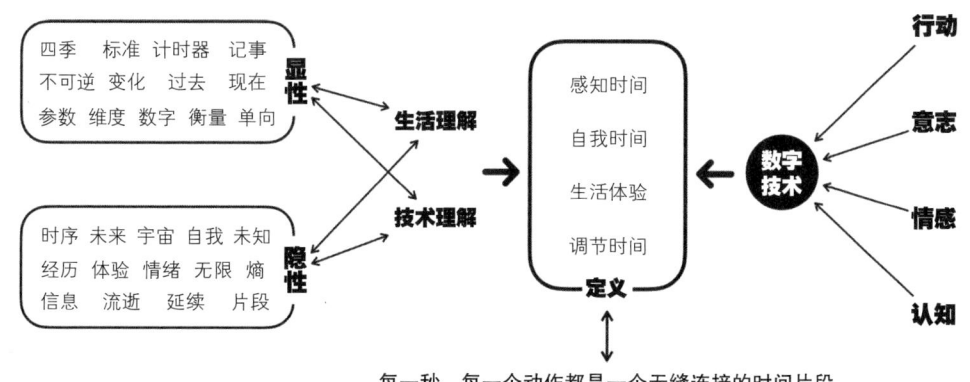

图 6-4 时间的数字化定义
数据源：笔者绘制

（2）时间的数字化定义（图 6-4）。通过分析，对生活和技术时间的理解中，既有显性的内容，如熟知、可观察、描述清楚的知识，也有超出理解的熵、难以表达的情绪和经历等模糊、说不清的部分隐性内容。结合数字技术对行动、意志、情感和感知的量化解析，初步形成对时间设计的数字化定义构想：可感知、属于每个不同个体、反映其生活状态、能够控制的。每一秒、每一个动作都是一个无缝连接的时间片段。

（3）时间的数字离散化（图 6-5）。生活中的事件往往以时间线开展的，连续连绵，

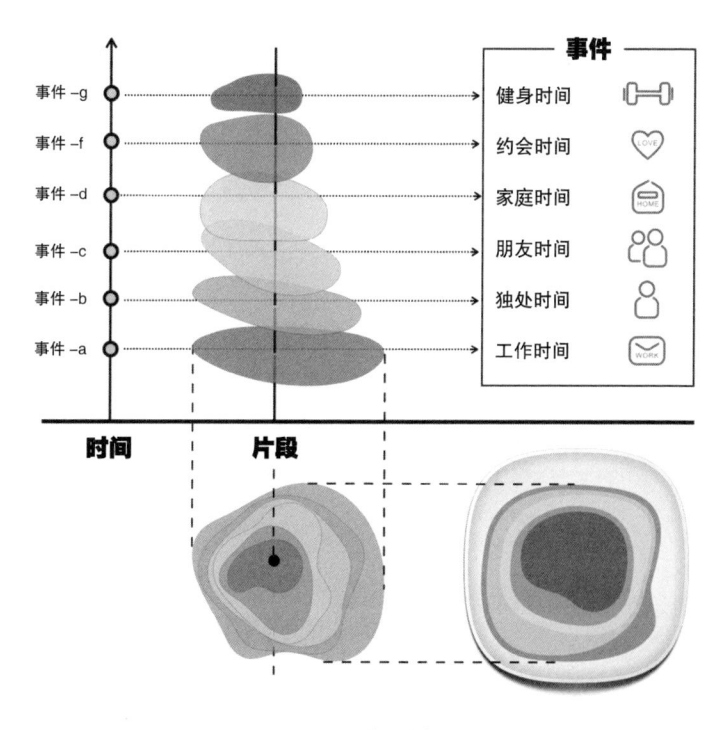

图 6-5 时间的数字离散化
数据源：笔者绘制

第六章 数字化设计的隐性与显性转换策略　　167

难以直接把控。个体可以根据自我经历，依据事件不同内容、人际关系将时间进行分类，以人的意识、情感、行为度量时间，从而对时间进行离散化，形成不同的单体时间：工作、朋友、家庭、约会、锻炼等。

（4）时间的可视化设计（图6-6）。设计通过手机端的传感器和App收集个人生活的数据，以数据挖掘和算法方式将"行动、意志、情感和认知"四组需求值直接作用于事件，生成的数据因人的不同而存有差异，并以数据可视化方式呈现，因此可以将：①以不同事件数据的视觉形状，定义为时间的形态；②以完成事件预计所需的时间长度，定义时间形状的大小；③以个体情绪反应，选择不同色相区分事件的属性和关系，从而定义时间的色彩。因而，通过自我量化、数据挖掘、优化算法等科学方式产生的时间形态

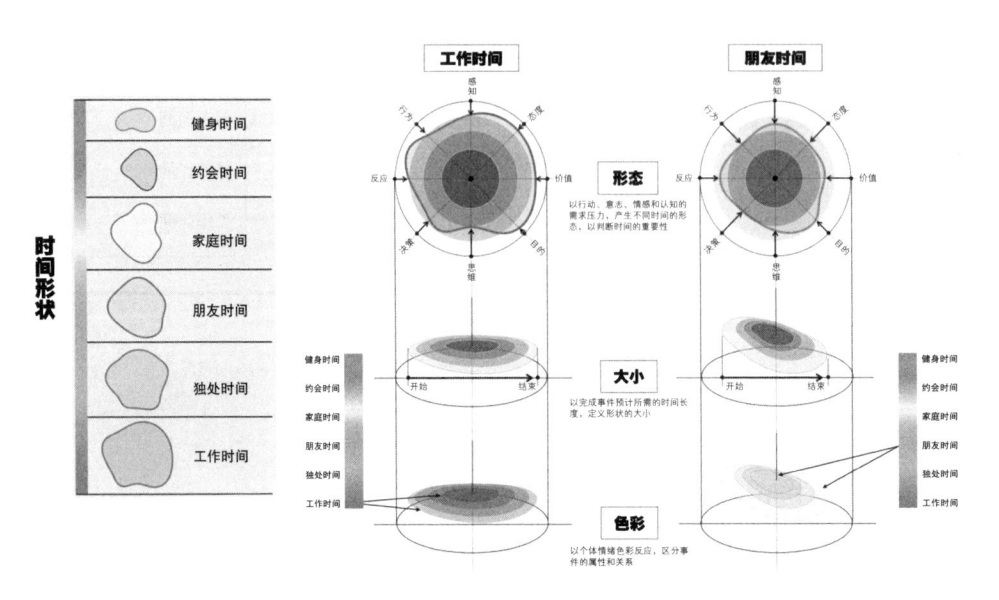

图6-6 时间的可视化设定
数据源：笔者绘制

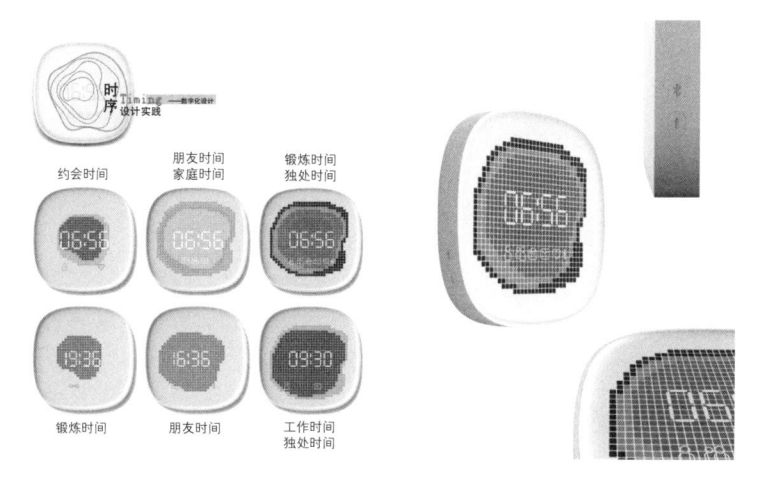

图 6-7　数字化时钟的设计形态
数据源：笔者绘制

图 6-8　数字化时钟场景应用
数据源：笔者绘制

是独一无二的。

（5）数字化时钟的设计形态（图 6-7）与场景应用（图 6-8）。通过对时间的数字化解析及可视化，时间已经不仅具有计时的功能，更是转变为生活事件的标签，能够清楚意识到时间成为数字社会中人与人、人与事件间关系的媒介，体现了个体间的差异、连接。人们以体验时间的方式参与到生活、工作中，用数字化的方式将不察觉的隐性时间转换为明晰的生活事件。

第六章　数字化设计的隐性与显性转换策略　　　169

6.3.2 "影迹"数字化镜子设计

（1）镜子认知的分析（图6-9）。镜子是生活中的常见物，可以映照客观的外表，在心理表达上可以映射出隐藏的内心，成为一个具有象征意义的物品。镜子是人造物，在数字技术推动下，镜子成为信息传递的媒介，能够在现实与虚拟间切换。因此，对设计而言，镜子不仅仅是客观生活的真实反映、内心世界的折射，也是现实与虚拟转换的媒介。

数字技术广泛应用的表征之一就是屏幕化，镜子和屏幕都是信息的载体。镜子在技术投射的赋能下，通过外在反射和内心映像的结合，带给设计急需思考的问题——数字化如何成为生活的一部分？

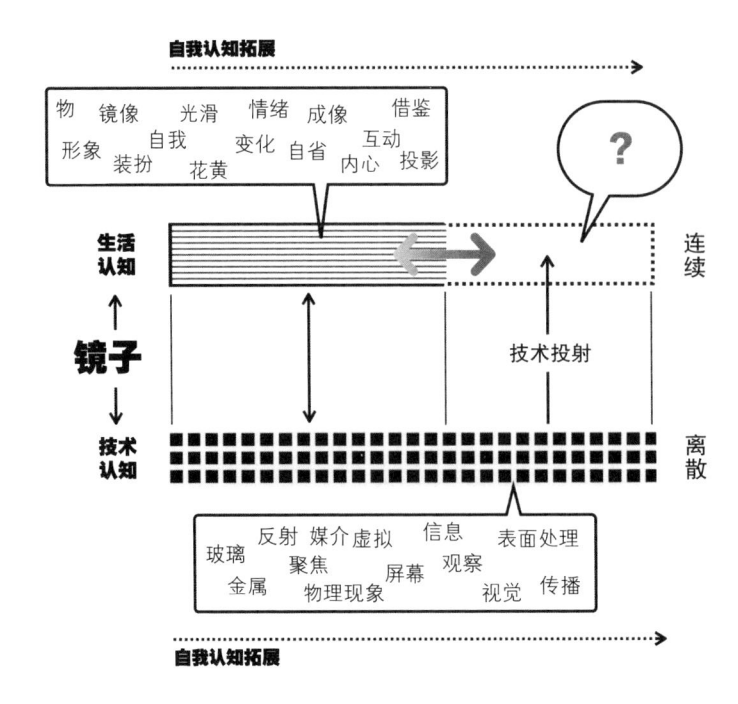

图6-9 镜子认知的分析
数据源：笔者绘制

图 6-10 镜子的数字化定义
数据源：笔者绘制

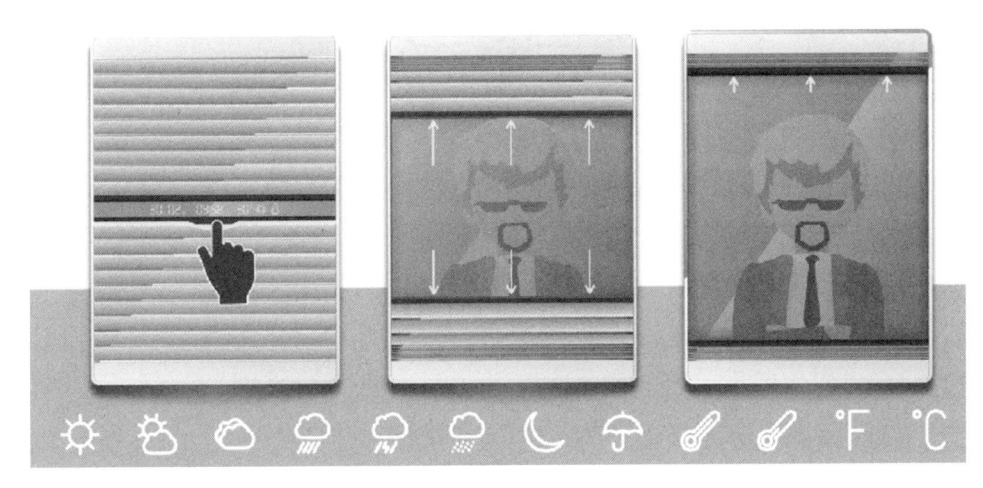

图 6-11 镜子的使用行为设定
数据源：笔者绘制

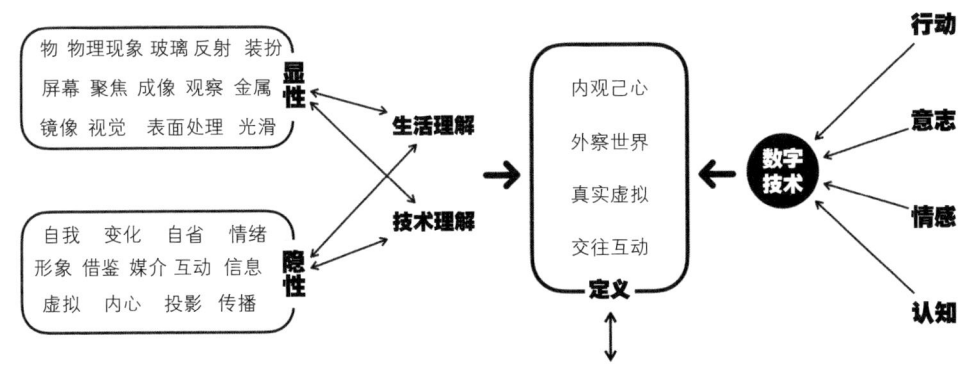

（2）镜子的数字化定义（图6-10）。在生活和技术的理解中，对于镜子有清晰、明确的显性的认知：生活日用物品，能够镜像外界的物质；也有难以察觉、说不清的隐性的认知：自我的观察和信息的媒介。结合数字技术的分析，初步形成数字化镜子设计的定义：自我的"镜子"通过数字技术的介入，与数字影像互动，看到真实的自我。

（3）镜子的使用行为（图6-11）。拨开百叶窗窥探窗外人与物的动作是人的习惯行为，照镜就如透过窗户让视线延伸至室外，观察世界。同样，拨开百叶窗，让自己看到镜中的"我"，宛如看到另一个"窗外的我"，内观己心。镜子是一个观察的窗口，也是个数字化屏幕，将当天温度、湿度、气压、风力等天气信息在镜子中间以OLED显示。拨开百叶窗那一刻，OLED屏幕关闭，作为"窗"的屏幕转换为镜子。

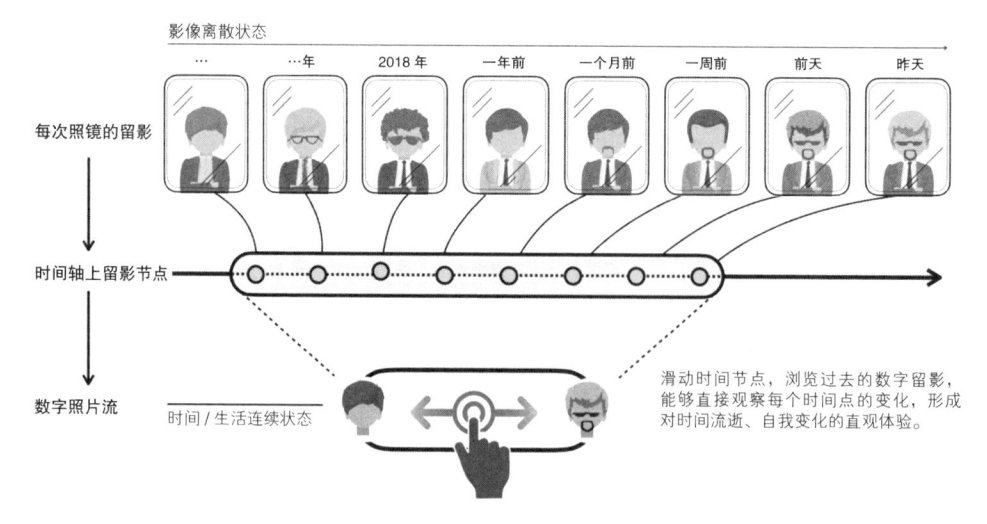

图 6-12 影像数字化的设计
数据源：笔者绘制

（4）影像的数字化（图6-12）。照镜子、看照片只能看到瞬间片段的自己，对于自我变化的记录也是时间的某个节点或具体时刻。人每天都有照镜子的习惯，不仅为了装扮，也有观察自我的心理需求，将每天的照镜子瞬间的影像记录下来，以日、月、年的时间顺序制作成照片流，通过滑动按键以连续动态的方式呈现形象的差异及变化，以此体验时间流逝及自我变化。

（5）数字化镜子的设计形态（图6-13）与场景应用（图6-14）。通过对影像的解析及连续化，镜子已经不仅具有对照的功能，还成为信息的媒介，从原来的物成为连接外界、窥探自我的数字物，将生活的片段以影像数据流的方式记录下来，成为感悟生活经历痕迹的工具。

图 6-13 数字化镜子的设计形态
数据源：笔者绘制

图 6-14 数字化镜子的场景应用
数据源：笔者绘制

6.3.3 设计实践总结

以上两个设计实践都是对日常生活的物品进行数字化创新，根据本书观点进行创新设计研究，是对数字化设计方法的应用尝试（图 6-15）。

"时序"数字化时钟设计，讨论的是关于时间的数字化认知转换问题，以事件的特性或属性离散化时间，将原本连续的时间分解及类化成微粒。在连绵的时间顺序中，以片段时刻认知生活的持续性，将时间微粒化、片段化，与生活中的事件相连，并对每个时间片段进行数字化定义，以数据可视化方式呈现时间的形态、色彩，将模糊的时间认知转变为清晰可辨、能定义的设计对象，从而改变生活的状态。

"影迹"数字化镜子设计，讨论的是关于个体经历的数字化认知转换问题。每天照镜子留下的影像是瞬间对自我的认识，通

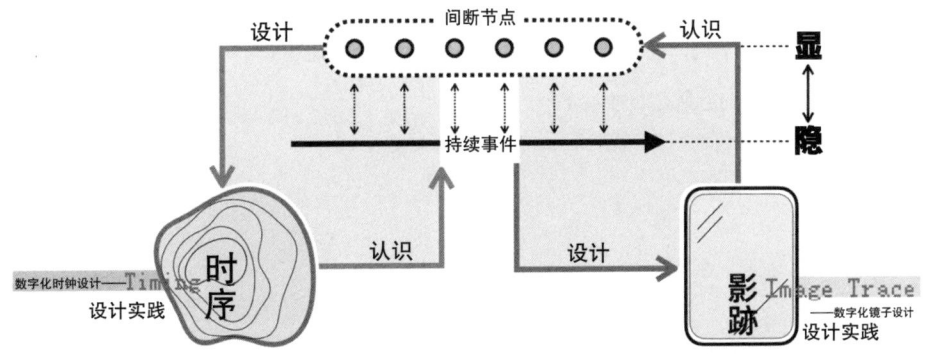

数字化时钟设计——Timing
设计实践

在连绵的时间顺序中，以片段时刻认知生活的持续性，将微粒时间片段化，使之清晰可辨，更易于实现对生活的把控。

Image Trace——数字化镜子设计
设计实践

每天照镜子的留影，是瞬间对自我的认识。以时间线将每天的影像串联起来，成为持续的生活事件，看到一周、一个月甚至一年的变化。

图 6-15　设计实践总结
数据源：笔者绘制

过将每天的影像以时间线串联起来,成为连续的照片流,看到一周、一个月甚至一年或更长阶段的个体变化。此过程是将碎片化的生活场景用数字技术转变为连续生活影像,将显性的生活片段转换为自我了解的过程,形成一种隐性的数字化生活感悟,是个性化生活方式的转变。

通过不同设计方向的数字化设计实践比较,能够看到数字技术是改变生活的工具,其核心是数字化设计对于隐性与显性转换的认知挖掘。将原本连续一体的事件分解为一个个最基本的数字微粒(情绪、行为、认知、技术等)去表达或者理解,或将原本分散、无法表达的事件量化成为可理解、操控的数字物。因此,借助数字量化技术可以把原本复杂、无法表达或解释不清的隐性内容转换为结构清晰且易于分析和控制的设计对象,并能够对其重新认识、定义和设计创新。

设计引导隐性与显性转换过程,不仅是借助数字技术创新功能,更重要的是赋能技术,探索与认知未知的事实和变幻的内心。因此,无论是物的数字化,还是数字的物化,其目的都是平衡个体的期望,挖掘生活的意义。

本章小结

本章主要基于数字化设计领域，在隐性与显性转换原则下，着眼于"数字化的认知"范式发生了根本性的改变，提出以数字化的认知对待事物的设计理解，从"具体"走向了"抽象"，从"连续"走向了"间断"，从"实体"走向了"现象"。将其引入设计，能更加精确地认知自我，设计的对象转变为颗粒度更小、更具体的单体，微粒间彼此的连接成为一种开放自由、共同参与的体验设计新模式。"分解—连接原则"，用数字形式呈现设计对象的各个维度的特征，用数据可视化给出结果；精准连接就是重新构建人、物、社会和数字间的新关系。"意识冲突和融合原则"，在情结冲突和转换过程中，使认知、情感、意志与行为和数字技术碰撞和融合,在生活数字场景中融入对生活意义的探索。"生活状态—方式转换原则"，数字技术成为经验社会化、知识内化的工具，促使隐性的生活状态与显性的生活方式相互转换。

对数字化设计提出了数字化设计隐性与显性转换的一般流程。将事物通过定义设计场景，通过数字量化将属性和关系显性化，以数字化连接后经过数字加工成为新的数字物，实现物关系的属性隐性与显性的转换，从而完成隐性与显性转换流程。

以"时序"数字化时钟与"影迹"数字化镜子两个设计实践来验证和批注书中提出的数字化设计原则和方法，以证明隐性与显性转换是设计创新的一条路径，借此探讨数字化设计原则和方法理论的可行性。

第七章 结论与展望

7.1 研究结论

  基于数字技术推动社会衍变的前提，对认知转变、生活方式转换的社会现象做了深入的探究，对哲学、心理学、社会学和设计学等学科理论做了交叉研究，研究表明认知和生活方式都会因技术的进步而衍变，共同的表征是：将不确定的因素转为确定，是一种隐性与显性转换的状态。技术是衍变的驱动力，设计是引导力，引导技术向善，实现生活价值。因此，在物、认知和设计三个维度对隐性与显性转换的理解为：

  隐性与显性，是事物存在的一种状态，强调事物的存在形式——物和数据；

  隐性与显性，是认知事物的一种观念，强调是"数字化"看待事物本质的方式——量化解析；

  隐性与显性，是设计事物的一种方法，强调事物间存在关系——差异、动态、聚散与连接。

  （1）生活方式隐性与显性转换策略

  生活方式是日常生活的部分，是以特定形式存在的生活状态。隐性认知转变到显性认知是对生活结构化的认知，促成生活方式在认识观念的树立；通过意识和无意识情结关系研究，明确生活状态变化是社会心理意识演变；以此构建认知、情感、意志和行动推动生活方式与日常生活转换的策略（图4-19）。日常生活从模糊隐性状态转向显性的生活方式，再转向新的更高层次的隐性状态，是一个螺旋上升、不断循环重复的路径。阐明了生活方式是需求从缺失到满足、从无意识到清楚意识、从不平衡状态到平衡，不断重复的转变过程。

  （2）数字化设计认知观念的构建

  以数字离散和量化思维，将原本连续的事物分解及类化成微粒，数字化视角审视人、物、社会新的关系，构建"抽象、间断、现象"数字化认知范式。以数字化形式提取单体的各种属性和关系，并将这些无规律、难以描述的属性和关系显现为数字形式，设计的对象转变为颗粒度更小、更具体的单体，是一个从模糊到清晰的理解历程，是隐性到显性的数字化认知构建过程（图5-7）。

  （3）数字化设计推动生活的隐性与显性转换策略

  在微粒差异、数字化认知和数字化控制维度上，构建数字技术推动生活方式与日常生活转换设计模型。在哲学、社会学、心理学的基础上，结合数字化生活的隐性与显性转换的规律，通过设计引导数字化进程，形成设计推动数字生活的隐性与显性转换策略（图5-26）。设计创新的边界从显性内容扩展至隐性内容，设计不仅是发现问题和解决问题，还包括与人有关的各种活动和关系。因此，生活方式形成过程中，隐性认知向显性认知的转换、无意识向意识的转换、需求从模糊到清晰的转换，都是设计创新的过程。

（4）数字化设计隐性与显性转换的原则和方法

基于转换模型的深化，总结了数字化隐性与显性转换设计原则：①认知转换创新原则；②分解—连接原则；③意识冲突和融合原则；④生活状态—方式转换原则。

对数字化设计做了进一步的归纳：提炼了数字化设计隐性与显性转换的方法流程："场景定义—数字量化解析—属性提取和关系分析—数字化连接—数字化加工"（图6-1）。完成数字化设计隐性与显性转换流程，设计逐步从有形的对象转向无形的设计，从对物的理解延伸转向对关系连接的设计，从显性设计转向显性与隐性转换的设计。

7.2 研究反思和展望

7.2.1 研究反思

数字化生活中隐性与显性转换的设计研究是颇为新颖而有意义的课题，本书在隐性与显性转换、生活方式转换和数字化设计进行系统分析的基础上，详细阐述了生活形态转变模型和数字技术推动生活方式与日常生活转换策略中的相关要素是如何实现隐性与显性转换的，达成了预期研究目标。由于时间所限和笔者研究能力的局限，书中虽然有新的思路和理论构架得到了验证，但不免存有疏漏和不够成熟，作为探索性研究的开始，有许多问题有待进一步完善和探索。

（1）研究探索的理论抽象程度较高

数字化设计作为一种设计思考和设计方法，可以辐射传统设计各种类型，但在数字化设计隐性与显性转换方法上难以涵盖所有设计类别。虽然对设计策略做了案例的分析及设计实践，具有一定的价值，但覆盖面有限，代表性不够充分。因此，在接下来的研究中可以用更多不同类别的设计案例深入分析，尝试在不同领域开展设计实践，进一步拓展数字化设计隐性与显性转换方法研究领域，强化研究的科学体系。

（2）数字化设计的研究内容不断更新

由于本课题只是探讨数字化在生活领域的设计研究，并没有深入对数字及数字技术发展进行研究。因此，难免会出现新技术应用的滞后。同时，由于研究内容涉及新兴学科和多学科的交叉，特别是数字技术日新月异的发展，以致新旧理念的碰撞及新工具的应用都会对数字化设计研究带来新的挑战。因此，构建一个开放而完整的数字化设计体系是后续研究升级的关键点。

（3）实证研究开展的局限性。

由于本研究成果是生活形态转换的策略、数字化设计认知的构建和数字化设计隐性与显性转换的方法流程，都是设计理论层面的方法论，需要做大量的实际设计项目以验证理论模型的可行性并对其进行修正，但受时间、资金、人员等客观条件的制约，所需的时间较长，造成实证部分衔接不够紧密。因此，在后续工作中，在条件许可的情况下将继续进一步完善研究。

7.2.2 研究展望

（1）完善对生活方式的整体研究

幸福是生活某种程度的满足，与物质和精神生活有关。对于生活在社会中的个体，无论是生活的日常，还是生活的方式，其目的都是追求生活的幸福感和生活的意义。因本书体例缘由，本次研究没有为此展开研究和分析，幸福生活和生活意义是随社会、技术、认知的提升而改变的，对其透彻地了解有助于研究生活状态的转变及生活价值理解的提升。因此，完善生活方式的隐性和显性转换的研究体系，要增加对生活的福祉和意义研究的子项目。

（2）提升数字量化水平

正因为数字量化的应用，才有数字化认知的出现。数字量化是数字化转换的关键点，量化的对象从显而易见的物体逐渐过渡到深层复杂的事件，量化的辨识度决定了数字化认知的精细度。数字量化水平的提升，能够将生活日常的各种事件更多地纳入数字量化范畴，扩大生活状态研究内容，真正做到"量化一切"的期望；量化辨识度的提升，意味着微粒的粒度更小、精度更高，能够认知事物的细节更丰富。因此，提升数字量化技术，涉计对象范畴更广，认知更能分别差异。

（3）拓展设计的连接能力

设计作为工具，连接生活和数字化，推动着数字化生活方式的变化。连接在数字化设计流程中，就是甄别微粒间的差异，定义它们之间的关系，而连接的过程，是创新意识的具体体现，不仅仅是新技术的应用、事物新功能的创新，更重要的是社会关系、文化关系的连接，是生活方式转换、生活意义阐释的核心点。因此，后期研究对连接的能力和范围开展深入分析，必然对数字化生活隐性与显性转换有革命性的影响，尤其是在引导科技向善的维度上更具积极作用。

参考文献

[1] 三浦展. 第四消费时代 [M]. 马奈，译. 北京：东方出版社，2014.（原著出版年：2015）

[2] 凡勃伦. 有闲阶级论 [M]. 李华夏，译. 北京：中央编译出版社，2012.（原著出版年：1899）

[3] 戴维·瑞兹曼. 现代设计史（第二版）（译者：若澜达·昂）. 北京：中国人民大学出版社，2013.（原著出版年：2003）

[4] 中国信息通信研究院. 全球数字经济新图景 [EB/OL]. http://www.caict.ac.cn/kxyj/qwfb/bps/201910/P020191011314794846790.pdf.

[5] 丹尼尔·米勒，希瑟·霍斯特. 数码人类学 [M]. 王心远，译. 北京：人民出版社，2014.（原著出版年：2013）

[6] 尹保云. 现代化进程的性质及历史视野：对"内因－外因"分析模式的反思 [J]. 南开学报，2006（03），67-75.

[7] 王旭晓，贾京鹏. 关于交互产品隐性需求的研究 [J]. 理论探索，2015（02）：51-55.

[8] 王志琳. 心灵·自我·社会：米德的社会行为主义述评 [J]. 赣南师范学院学报，2003（05）：56-59.

[9] 王俊秀. 社会情绪的结构和动力机制：社会心态的视角 [J]. 云南师范大学学报（哲学社会科学版），45（05）：55-63.

[10] 王俊秀. 不同主观社会阶层的社会心态 [J]. 江苏社会科学（01）：24-33.

[11] 王愉，辛向阳，虞昊等. 大道至简，殊途同归：体验设计溯源研究 [J]. 装饰（05）：92-96.

[12] 王雅林. 生活方式研究评述 [J]. 社会学研究，1995（04）：41-48.

[13] 王雅林. 走向学术前沿的生活方式研究 [J]. 社会学研究，1999（06）：121-122.

[14] 王雅林. 生活方式研究的理论定位与当代意义：兼论马克思关于生活方式论述的当代价值 [J]. 社会科学研究，2004（02）：95-101.

［15］王雅林.生活方式研究的社会理论基础：对马克思历史唯物主义社会理论体系的再诠释[J].南京社会科学，2006（09）：8-14.

［16］王雅林.生活范畴及其社会建构意义[J].哈尔滨工业大学学报（社会科学版），2015，17（03）：1-12.

［17］王德禄.知识管理：竞争力之源[M].南京：江苏人民出版社，1999.

［18］王树人.对知识论研究的几个提问[J].学术月刊，2003（12）：26-30.

［19］代福平.体验设计的历史与逻辑[J].装饰，2018（12）：92-94.

［20］加斯帕·L·延森.深层体验设计[J].创意与设计，2016（06）：6-15.

［21］尼考拉斯·莱斯切尔.认识经济论[M].王晓秦，译.南昌：江西教育出版社，1999.（原著出版年：1999）

［22］弗洛伊德.梦的解析[M].罗林，译.北京：九州出版社，2004.（原著出版年：1899）

［23］弗尔达姆，F..荣格心理学导论[M].刘韵涵，译.沈阳：辽宁人民出版社，1988.（原著出版年：1979）

［24］皮埃尔·布迪厄，华康德.实践与反思：反思社会学导引[M].李猛，译.北京：中央编译出版社，1998.（原著出版年：1992）

［25］石中英.知识转型与教育改革[M].北京：教育科学出版社，2001.

［26］安东尼·吉登斯.社会理论的核心问题：社会分析中的行动、结构与矛盾[M].郭忠华，译.上海市：上海译文出版社，2015.（原著出版年：1979）

［27］成中英，曹绮萍.中国哲学中的知识论（上）[J].安徽师范大学学报（人文社会科学版），2001（01）：5-16.

［28］托马斯·库恩.科学革命的结构[M].金吾伦，胡新和，译.北京：北京大学出版社，2003.（原著出版年：1962）

［29］朱春艳.技术理念：从思想到行动[M].沈阳：辽宁人民出版社，2013.

［30］艾瑞咨询.2018年中国网络经济年度洞察报告[EB/OL].http://www.199it.com/

archives/791160.html.

［31］西美尔. 金钱、性别、现代生活风格 [M]. 顾仁明，译. 上海：学林出版社，2000.（原著出版年：2000）

［32］亨利·列斐伏尔. 日常生活批判 [M]. 叶齐茂，译. 北京：社会科学文献出版社，2017.（原著出版年：1977）

［33］何辉剑，马镭，赵蓉. IBM 智慧城市解决方案介绍 [EB/OL]. https://www.ibm.com/developerworks/cn/industry/ind-sc-smatercitiesintroduction/.

［34］何晓佑. 创新产品的内在意义：中国传统设计思想当代应用的研发路径 [J]. 南京艺术学院学报（美术与设计），2019（06）：4-6.

［35］克里斯托夫·库克里克. 微粒社会：数字化时代的社会模式 [M]. 黄昆，译. 北京：中信出版社，2018.（原著出版年：2014）

［36］吴永. 全球数字经济十大发展趋势 [EB/OL]. http://dz.jjckb.cn/www/pages/webpage2009/html/2018-09/18/content_46973.htm.

［37］吴军，夏建中. 国外社会资本理论：历史脉络与前沿动态 [J]. 学术界，2012（08）：67-76.

［38］吴雪松. 意义导向的产品设计方法 [D]. 长沙：湖南大学，2017.

［39］吴斌. 科技进步引发生活方式深刻变革研究 [D]. 曲阜：曲阜师范大学，2011.

［40］吴晓波. 双创时代：构建"超越追赶"战略. [EB/OL]. http://www.hbrchina.org/2015-09-08/3326_2.html.

［41］李美辉. 米德的自我理论述评 [J]. 兰州学刊，2005（04）：66-69.

［42］李海舰，田跃新，李文杰. 互联网思维与传统企业再造 [J]. 中国工业经济，2014（10）：135-146.

［43］李祚，张开荆. 隐性知识的认知结构 [J]. 湖南师范大学社会科学学报，36（04）：38-41.

［44］李景治，林苏. 当代世界经济与政治 [M]. 北京：中国人民大学出版社，2013.

［45］李轶南. 设计思维新向度：从组织设计到开放式创新[J]. 南京艺术学院学报（美术与设计），2020（01）：85-90.

［46］李云峰. "认知"与"体验"：世界及人生的两种把握方式[J]. 云南师范大学学报（哲学社会科学版），2004（03）：105-109.

［47］李铁萌. 数据艺术——当代技术思潮下的一种新艺术形态[J]. 南京艺术学院学报（美术与设计），2019（03）：16-19.

［48］杜以芬. 认识论研究的主体间性转向[J]. 河南社会科学，12（05）：21-24.

［49］车文博. 西方哲学心理学史[M]. 北京：首都师范大学出版社，2010.

［50］辛向阳. 从用户体验到体验设计[J]. 包装工程，40（08）：72-79.

［51］辛向阳，曹建中. 设计3.0语境下产品的属性研究[J]. 机械设计，2015（06）：119-122.

［52］亚伯拉罕·马斯洛. 动机与人格[M]. 马良诚，译. 西安：陕西师范大学出版社，2014.（原著出版年：1954）

［53］周光，余明阳，许桂苹，等. 营销视角下的生活方式概念及应用研究[J]. 上海管理科学，40（03）：29-37.

［54］周爱保，陈晓云，刘萍. 刺激属性对内隐社会知觉的影响[J]. 心理科学，1998（03）：234-237.

［55］周晓虹. 社会学理论的基本范式及整合的可能性[J]. 社会学研究，2002（05）：33-45.

［56］于林龙，曾波. 关于生活形式与生活世界[J]. 吉林师范大学学报（人文社会科学版），38（01）：10-12.

［57］林德宏. 人与技术关系的演变[J]. 科学技术与辩证法，2003（06）：34-36.

［58］阿尔弗雷德·舒茨. 社会世界的意义构成[M]. 游淙祺，译. 北京：商务印书馆，2012.（原著出版年：1932）

［59］俞吾金. 从传统知识论到生存实践论[J]. 文史哲，2019（02）：12-14.

[60]哈贝马斯.交往行动理论（第2卷）[M]//论功能主义理性批判,洪佩郁,译.重庆：重庆出版社,1994.（原著出版年：1994）

[61]姜奇平.识知先于知识：从"其余部分"现象中生长出的个人知识经济（下）[J].互联网周刊,2003（26）,62-65.

[62]帅国安.移动终端App对用户生活方式重构的影响[D].无锡：江南大学,2015.

[63]约兰德·雅各比.荣格心理学[M].陈瑛,译.北京：生活·读书·新知三联书店,2017.（原著出版年：1959）

[64]胡万年.无意识概念的演变及反思：从思辨到实证[J].广西社会科学,2009（12）：35-39.

[65]唐月芬.米德符号互动理论述评[J].哈尔滨学院学报,24（07）：25-28.

[66]埃森哲技术研究院.2018埃森哲中国消费者洞察系列报告[EB/OL].https://www.accenture.cn/cn-zh/insight-consumers-in-the-new.

[67]埃森哲技术研究院.埃森哲技术展望2019新数字化时代[EB/OL].https://www.accenture.cn/cn-zh/insights/technology/technology-vision-2019.

[68]埃德蒙德·胡塞尔.生活世界现象学[M].倪梁康,译.上海：上海译文出版社,2002.（原著出版年：1986）

[69]埃德蒙德·胡塞尔.欧洲科学危机和超验现象学[M].张庆熊,译.上海：上海译文出版社,2005.（原著出版年：1936）

[70]埃德蒙德·胡塞尔.现象学的观念[M].倪梁康,译.北京：人民出版社,2007.（原著出版年：1947）

[71]孙伟平,张明仓,王湘楠.近年来我国马克思主义哲学研究评述[J].哲学研究,2003（03）：3-9.

[72]孙隆基.中国文化的深层结构[M].桂林：广西师范大学出版社,2004.

[73]徐晋.离散主义：理论,方法与应用[J].学术月刊,50（3）：98-114.

[74]乌尔里希·温伯格.网络思维：引领网络社会时代的工作与思维方式[M].雷蕾,译.

北京：机械工业出版社，2017.（原著出版年：2015）

[75] 郝丽. 认识论研究要树立现代视野：对于现代自然科学和西方哲学提出的一些新问题的思考 [J]. 理论学刊，2003（1）：33-36.

[76] 马丁·海德格尔. 存在与时间 [M]. 陈嘉映，王庆节，译. 北京市：生活·读书·新知三联书店，2014.（原著出版年：1927）

[77] 马姝，夏建中. 西方生活方式研究理论综述 [J]. 江西社会科学，2004（01）：242-247.

[78] 马惠娣. 社会转型中的生活方式 [J]. 晋阳学刊，2013（05）：36-43.

[79] 马广海. 论社会心态：概念辨析及其操作化 [J]. 社会科学，2008（10）：66-73.

[80] 高丙中. 西方生活方式研究的理论发展叙略 [J]. 社会学研究，1998（03）：3-5.

[81] 高岸起. 论认识论的嬗变 [J]. 教学与研究，2003（04）：44-48.

[82] 高颖. 基于体验价值维度的服务设计创新研究 [D]. 北京：中国美术学院，2017.

[83] 张卓元. 政治经济学大辞典 [M]. 北京：经济科学出版社，1998.

[84] 张敏敏，周长城. 新经济：概念辨析、发展动态与生活方式的变革 [J]. 黑龙江社会科学，2017（05）：75-82.

[85] 张杰. 生活方式研究成为社会科学研究热点 [J]. 智库时代，2017（04）：7.

[86] 张越，文静. "人类生活方式设计共同体"的构建探讨 [J]. 设计（13）：29.

[87] 张越，文静. 生活方式与设计的研究述评与展望 [J]. 设计（02）：113-117.

[88] 张庆普，李志超. 企业隐性知识的特征与管理 [J]. 经济理论与经济管理，2002(11)：47-50.

[89] 张黎. 从计算到赋权：对抗性设计如何从知识构建行动 [J]. 南京艺术学院学报（美术与设计），2019（02）：94-100.

[90] 张兴贵. 论内隐认知 [J]. 心理学探新，2000（02）：40-44.

[91] 戚灵岭. 感觉的认知与误识 [J]. 南京艺术学院学报（美术与设计），2018（06）：47-50.

［92］符明秋.国内外生活方式研究的新进展［J］.成都理工大学学报：社会科学版，2012，20（3）：1-6.

［93］许煜.论数码物的存在［M］.上海：上海人民出版社，2018.

［94］野中郁次郎，竹内弘高.创造知识的企业：日美企业持续创新的动力［M］.李萌，高飞，译.北京：知识产权出版社，2006.（原著出版年：1991）

［95］陈中文.关于加强企业隐性知识管理的思考［J］.情报杂志，2004（05）：30-31.

［96］陈炬.微粒社会中网状叙事结构与体验设计［J］.包装工程，40（22）：34-39.

［97］麦肯锡全球研究院.数字时代的中国：打造具有全球竞争力的新经济［EB/OL］.https://www.mckinsey.com.cn/wp-content/uploads/2017/12/MGI-Digital-China_CN_Executive-Summary-_December-2017.pdf.

［98］杰里米·里夫金.第三次工业革命：新经济模式如何改变世界［M］.张体伟，译.北京：中信出版社，2012.（原著出版年：2011）

［99］凯文·凯利.失控：机器、社会系统和经济世界的新生物学［M］.东西文库，译.北京：新星出版社，2010.（原著出版年：1994）

［100］乔治·H·米德.心灵，自我与社会［M］.赵月瑟，译.上海：上海译文出版社，2005.（原著出版年：1934）

［101］乔治·瑞泽尔.当代社会学理论及其古典根源［M］.杨淑娇，译.北京：北京大学出版社，2005.（原著出版年：2005）

［102］乔纳森·H·特纳.社会学理论的结构［M］.邱泽奇，译.北京：华夏出版社，2006.（原著出版年：1974）

［103］彭辉.基于隐性需求的产品信息表征设计解读［J］.包装工程，2015（20）：104-107.

［104］斯腾伯格.认知心理学［M］.2版.邵志芳，译.北京：中国轻工业出版社，2016.（原著出版年：1996）

［105］隋嘉滨.经济社会学中从制度到行动的理论架构［J］.学理论，2019（02）：92-

95.

［106］黄升民、刘珊．"互联网思维"之思维 [J]．现代传播：中国传媒大学学报，2015（02）：1-6.

［107］黄锦奎．人类发展的四个经济时代与经济学的发展历程：新经济学革命与大科学体系经济学（一）[J]．生产力研究，2010（03）：9-11.

［108］塔尔科特·帕森斯．社会行动的结构 [M]．张明德，译．南京：译林出版社，2012．（原著出版年：1937）

［109］涂尔干，埃米尔．社会分工论 [M]．渠东，译．北京：生活·读书·新知三联书店，2013．（原著出版年：1893）

［110］杨宜音．社会心态形成的心理机制及效应 [J]．哈尔滨工业大学学报(社会科学版)，2012（06）：2-7.

［111］杨治良，周颖，李林．无意识认知的探索 [J]．心理与行为研究，2003（03）：161-165.

［112］杨清．现代西方心理学主要派别 [M]．长春：东北师范大学出版社，2015.

［113］葛明贵，谢章明，解登峰．隐性知识显性化的教育价值 [J]．江淮论坛，2009（05）：138-141.

［114］蒂姆·布朗．IDEO，设计改变一切 [M]．侯婷，译．沈阳：万卷出版公司，2011．（原著出版年：2009）

［115］路甬祥．创新中国设计创造美好未来 [J]．建筑设计管理，2012（07）：12-13.

［116］道格拉斯·W.哈伯德．数据化决策 [M]．邓洪涛，译．广州：世界图书出版公司，2013．（原著出版年：2013）

［117］雷洪．论隐性社会问题 [J]．社会学研究，1997（03）：118-127.

［118］荣格．心理类型 [M]．吴康，译．上海：三联书店，2009．（原著出版年：1921）

［119］玛丽·米克尔．2018年互联网趋势报告 [EB/OL]．http://www.199it.com/archives/731211.html.

［120］管健.社会表征理论的起源与发展：对莫斯科维奇《社会表征：社会心理学探索》的解读[J].社会学研究，2009，24（04）：228-242.

［121］维克多·帕帕奈克.为真实的世界设计[M].周博，译.北京：中信出版社，2012.（原著出版年：1971）

［122］闻曙明.隐性知识显性化问题研究[D].苏州：苏州大学，2006.

［123］赫伯特·马尔库塞.单向度的人[M].刘继，译.上海：上海译文出版社，2015.（原著出版年：1964）

［124］赵毅衡.符号学原理与推演[M].南京：南京大学出版社，2016.

［125］齐奥尔格·西美尔.时尚的哲学[M].费勇，译.北京：文化艺术出版社，2001.（原著出版年：1905）

［126］刘玉新，张建卫.内隐社会认知探析[J].北京师范大学学报（人文社会科学版），2000（02）：88-93.

［127］刘志丹.哈贝马斯生活世界理论的特征与来源：基于哈氏研究的一个误区[J].中南大学学报（社会科学版），2014（03）：149-153.

［128］刘征宏.面向产品概念设计的隐性知识转化模型构建及重用研究[D].贵阳：贵州大学，2016.

［129］刘悦笛.论哈贝马斯"生活世界"的意蕴[J].河北学刊，2002，22（03）：50-54.

［130］刘连连.隐性需求的分类与识别[J].市场周刊（理论研究），2009（05）：58-59.

［131］刘萍.生活方式研究的发展与应用[J].现代商业，2011（35）：15-16.

［132］范文杰，戴雪梅.无意识：内隐认知理论的演变历程回顾及展望[J].重庆工商大学学报（自然科学版），2009，26（06）：596-601.

［133］范晓屏.基于隐性需要的消费倾向及其营销启示[J].商业研究，2003（16）：5-8.

［134］邓力源，蒋晓.基于行为逻辑的隐式交互设计研究[J].装饰，2019（06）：87-

89.

[135] 郑震. 列斐伏尔日常生活批判理论的社会学意义：迈向一种日常生活的社会学 [J]. 社会学研究，2013，26（03）：191-217.

[136] 郑震. 当代西方社会学的日常生活转向：以核心理论问题为研究路径 [J]. 天津社会科学，2012（05）：75-80.

[137] 卢卡奇. 历史与阶级意识：关于马克思主义辩证法的研究 [M]. 任立，译. 北京：商务印书馆，2009.（原著出版年：1923）

[138] 卢政营. 消费者隐性需求演化机理：理论诠释与实证检验 [D]. 天津：天津财经大学，2007.

[139] 萧浩辉. 决策科学辞典 [M]. 北京：人民出版社，1995.

[140] 龙斐. 基于消费者生活方式细分的营销战略模型及其实证研究 [D]. 上海：东华大学，2007.

[141] 联合国经合组织. 以知识为基础的经济：经济合作与发展组织1996年年度报告. [EB/OL]. http://kns.cnki.net/kcms/detail/detail.aspx?dbname=CJFD1998&filename=GOGY199807025&dbcode=CJFD.

[142] 迈克尔·波兰尼. 个人知识：迈向后批判哲学 [M]. 许泽民，译. 贵阳：贵州人民出版社，2000.（原著出版年：1998）

[143] 迈克尔·哈里斯. 缺失的终结：从链接一切的迷失中找到归途 [M]. 艾博，译. 北京：中国人民大学出版社，2017.（原著出版年：2014）

[144] 罗永泰，卢政营. 需求解析与隐性需求的界定 [J]. 南开管理评论，2006（03）：22-27.

[145] 罗伯特·索科拉夫斯基. 现象学导论 [M]. 高秉江，译. 武汉：武汉大学出版社，2009.（原著出版年：2000）

[146] 罗怡静. 基于隐性需求的产品设计方法研究 [D]. 南京：南京航空航天大学，2009.

［147］腾讯研究院. 腾讯数字生活报告2019. [EB/OL]. http://www.199it.com/archives/880232.html.

［148］让·鲍德里亚. 消费社会 [M]. 刘成富, 译. 南京: 南京大学出版社, 2008.（原著出版年: 1970）

［149］让·鲍德里亚. 符号政治经济学批判 [M]. 夏莹, 译. 南京: 南京大学出版社, 2015.（原著出版年: 1972）

［150］B·约瑟夫·派恩、詹姆斯·H·吉尔摩. 体验经济 [M]. 毕崇毅, 译. 北京: 机械工业出版社, 2012.（原著出版年: 1999）

［151］Negroponte N. 数字化生存 [M]. 胡泳, 范海燕, 译. 北京: 电子工业出版社, 2017.（原著出版年: 1995）

［152］Norman, Donald A. 设计心理学 –The design of everyday things [M]. 梅琼, 译. 北京: 中信出版社, 2010.（原著出版年: 1988）

［153］Sztompka, Piotr. 信任: 一种社会学理论 [M]. 程胜利, 译. 北京: 中华书局, 2005.（原著出版年: 1999）

［154］W·尼克松, 娜塔莉. 战略设计思维 [M]. 张凌燕, 郭敏坪, 译. 北京: 机械工业出版社, 2017.（原著出版年: 2015）

［155］Abecassis‑Moedas C, Mahmoud‑Jouini S B. Absorptive capacity and source‑recipient complementarity in designing new products: An empirically derived framework. [J] Journal of Product Innovation Management, 2008, 25(5), 473–490. doi:10.1111/j.1540‑5885.2008.00315.x.

［156］Abernathy W J, Utterback J M. Patterns of industrial innovation [J]. Technology review, 1978, 80(7), 40–47.

［157］Alexander C. Notes on the Synthesis of Form (Vol. 5) [M]. Cambridge: Harvard University Press, 1964.

［158］Berkman H W, Gilson C C. Consumer life styles and market segmentation. [J] Journal of the academy of marketing science, 1974, 2(1–4), 189–200. doi:10.1177/009207037400200101

[159] Black C D, Baker M J. Success through design. [J] Design Studies, 1987, 8(4), 207-216. doi:10.1016/0142-694X(87)90017-2.

[160] Bloch P H. Seeking the ideal form: Product design and consumer response. [J] Journal of marketing, 1995, 59(3), 16-29. doi:10.1177/002224299505900302

[161] Brown T, Martin R. Design for action [J]. Harvard Business Review, 2015, 93(9): 57-64.

[162] Buchanan R. Wicked Problems in Design Thinking [J]. Design Issues, 1992, 8(2). doi:10.2307/1511637

[163] Cambridge E D. Consciousness [EB/OL]. https://dictionary.cambridge.org/dictionary/english/consciousness. Retrieved 2019-12-20, from In Cambridge English Dictionary https://dictionary.cambridge.org/dictionary/english/consciousness

[164] Carlgren L, Elmquist M, Rauth I. Design thinking: Exploring values and effects from an innovation capability perspective [J]. The Design Journal, 2014, 17(3): 403-423. doi:10.2752/175630614X13982745783000

[165] Cherry E. I was a teenage vegan: Motivation and maintenance of lifestyle movements [J]. Sociological Inquiry, 2015, 85(1): 55-74. doi:10.1111/soin.12061

[166] Clark K B. The interaction of design hierarchies and market concepts in technological evolution [J]. Research policy, 1985, 14(5): 235-251. doi:10.1016/0048-7333(85)90007-1

[167] Clark K B, Fujimoto T. The power of product integrity [J]. Harvard Business Review, 1990, 68(6): 107-118.

[168] Creusen M E, Schoormans J P. The different roles of product appearance in consumer choice [J]. Journal of Product Innovation Management, 2005, 22(1): 63-81. doi:10.1111/j.0737-6782.2005.00103.x

[169] Creusen M E, Veryzer R W, Schoormans J P. Product value importance and consumer preference for visual complexity and symmetry [J]. European Journal of Marketing, 2010.

doi:10.1108/03090561011062916

[170] De Mozota B B, Kim B Y. Managing design as a core competency: Lessons from Korea [J]. Design Management Review, 2009, 20(2), 66–76. doi:10.1111/j.1948-7169.2009.00009.x

[171] DeGrandpré R J, Buskist W. Behaviorism and Neobehaviorism [M]. Washington DC: American Psychological Association, 2000.

[172] Deleuze G. Postscript on the Societies of Control. October, 59, 3–7. [EB/OL] http://www.jstor.org/stable/778828.

[173] Dell'Era C, & Verganti R. Strategies of innovation and imitation of product languages [J]. Journal of Product Innovation Management, 2007, 24(6), 580–599. doi:10.1111/j.1540-5885.2007.00273.x

[174] Dell'Era C, Verganti R. Collaborative strategies in design-intensive industries: knowledge diversity and innovation. Long range planning, 2010, 43(1), 123–141. doi:10.1016/j.lrp.2009.10.006

[175] Desmet P, Hassenzahl M. Towards happiness: Possibility-driven design. In Human-computer interaction: The agency perspective (pp. 3–27) [M]. Heidelberg: Springer, 2012.

[176] Dictionary C E. Quantify [EB/OL]. https://www.collinsdictionary.com/dictionary/english/quantify. Retrieved 2020-2-18, from In Collins English Dictionary https://www.collinsdictionary.com/dictionary/english/quantify.

[177] Dictionary C E. Digital. [EB/OL]. (2020-1-18)(2020-2-17)https://dictionary.cambridge.org/dictionary/english/digital. From In Cambridge English Dictionary. https://dictionary.cambridge.org/dictionary/english/digital

[178] Dörner K, Edelman D. What digital really means. Mckinsey. [EB/OL]. https://www.mckinsey.com/industries/technology-media-and-telecommunications/our-insights/what-digital-really-means.

[179] Dufva T, Dufva M. Grasping the future of the digital society [J]. Futures, 2019, 107,

17−28. doi:10.1016/j.futures.2018.11.001.

[180] Ewenstein B, Whyte J. Beyond words: Aesthetic knowledge and knowing in organizations [J]. Organization Studies, 2007, 28(5): 689−708. doi:10.1177/0170840607078080

[181] Fabry R E. Cognitive innovation, cumulative cultural evolution, and enculturation [J]. Journal of Cognition and Culture, 2017, 17(5): 375−395. doi:10.1163/15685373−12340014

[182] Franke N, Schreier M, Kaiser U. The "I designed it myself" effect in mass customization [J]. Management science, 2010, 56(1): 125−140. doi:10.1287/mnsc.1090.1077

[183] George R. Sociology a multiple paradigm science [J]. The American sociologist, 1975, 10(3): 156−167.

[184] Gorb P. Design management: papers from the London Business School [M]. New York: Van Nostrand Reinhold Company.

[185] Grimen H. Tacit knowledge and the study of organization [J]. LOS−Center, Bergen,1991.

[186] Hargadon A, Sutton R I. Technology brokering and innovation in a product development firm [J]. Administrative science quarterly, 1997: 716−749. doi:10.2307/2393655

[187] Hawkins H, Best A, Coney K. Consumer Behaviour: Segmentation customers by demographic profile [M]. New York: McGraw−Hill, 2001.

[188] Heskett J. Toothpicks and logos: Design in everyday life (Vol. 1) [M]. Oxford: Oxford University Press, 2001.

[189] Johannessen J A, Olaisen J, Olsen B. Mismanagement of tacit knowledge: the importance of tacit knowledge, the danger of information technology, and what to do about it [J]. International journal of information management, 2001, 21(1): 3−20. doi:10.1016/S0268−4012(00)00047−5.

[190] Johansson Sköldberg U, Woodilla J, Çetinkaya M. Design thinking: past, present and possible futures [J]. Creativity innovation managementCreativity, 2013, 22(2): 121−146.

doi:10.1111/caim.12023

［191］Kimbell L. Rethinking design thinking: Part I [J]. Design Culture, 2011, 3(3): 285-306.

［192］Kimbell L. Rethinking design thinking: Part II [J]. Design Culture, 2012, 4(2): 129-148.

［193］Kohli R, Krishnamurti R. Optimal product design using conjoint analysis: Computational complexity and algorithms. European Journal of Operational Research, 1989, 40(2): 186-195. doi:10.1016/0377-2217(89)90329-9.

［194］Krippendorff K. The semantic turn: A new foundation for design [M]. Boca Raton: CRC Press, 2005.

［195］Laverty S M. Hermeneutic phenomenology and phenomenology: A comparison of historical and methodological considerations [J]. International journal of qualitative methods, 2003, 2(3): 21-35. doi:10.1177/160940690300200303.

［196］Lexico. Cognition. [EB/OL]. https://www.lexico.com/definition/cognition. Retrieved 2020-2-6, from In lexico.com https://www.lexico.com/definition/cognition.

［197］Lexico. Consciousness. [EB/OL]. https://www.lexico.com/definition/consciousness. Retrieved 2020-1-28, from In lexico.com https://www.lexico.com/definition/consciousness.

［198］Lojacono G, Zaccai G. The evolution of the design-inspired enterprise [J]. MIT Sloan management review, 2004, 45(3): 75.

［199］Merriam-webster. Consciousness. [EB/OL]. https://www.merriam-webster.com/dictionary/consciousness. Retrieved 20201-30, from In Merriam-Webster.com dictionary https://www.merriam-webster.com/dictionary/consciousness.

［200］Michael P. Knowing and being [J]. Mind, 1961: 458-470.

［201］Mosak H, Maniacci M. Primer of Adlerian psychology: The analytic-behavioural-cognitive psychology of Alfred Adler [M]. New York: Routledge, 2013.

[202] Noble C H, Kumar M. Exploring the appeal of product design: A grounded, value-based model of key design elements and relationships [J]. Journal of Product Innovation Management, 2010, 27(5): 640−657. doi:10.1111/j.1540−5885.2010.00742.x.

[203] Plummer J T. The Concept and Application of Life Style Segmentation: The Combination of two Useful Concepts Provides a Unique and Important View of the Market [J]. Journal of marketing, 1974, 38(1): 33−37. doi:10.1177/002224297403800106.

[204] Polanyi M. The Study of Man [M]. North Mankato: Martino Publishing, 2014.

[205] Ravasi D, Stigliani I. Product design: a review and research agenda for management studies [J]. International Journal of Management Reviews, 2012, 14(4): 464−488. doi:10.1111/j.1468−2370.2012.00330.x.

[206] Simon H A. The sciences of the artificial [M]. Cambridge: MIT press, 1996.

[207] Sternberg R J, Forsythe G B, Hedlund J, et al. Practical intelligence in everyday life [M]. Cambridge: Cambridge University Press, 2000.

[208] Thomke S, Von Hippel E. Customers as innovators: a new way to create value [J]. Harvard Business Review, 2002, 80(4): 74−85.

[209] Veryzer R W. A nonconscious processing explanation of consumer response to product design [J]. Psychology & Marketing, 1999, 16(6): 497−522. doi:10.1002/(SICI)1520−6793(199909)16:6<497::AID−MAR4>3.0.CO;2−Z.

[210] Veryzer R W, Borja de Mozota B. The impact of user-oriented design on new product development: An examination of fundamental relationships [J]. Journal of Product Innovation Management, 2005, 22(2): 128−143. doi:10.1111/j.0737−6782.2005.00110.x.

[211] Vokoun J A. Strategic Design Thinking: Innovation in Products, Services, Experiences, and Beyond [M]. New York: Routledge, 2017.

[212] Von Hippel E, Katz R. Shifting innovation to users via toolkits. Management science, 2002, 48(7): 821−833. doi:10.1287/mnsc.48.7.821.2817.

[213] Von Krogh G, Ichijo K, Nonaka, I. Enabling knowledge creation: How to unlock the mystery of tacit knowledge and release the power of innovation [M]. Oxford: Oxford University Press, 2000.

[214] Walsh V, Roy R. The designer as "gatekeeper" in manufacturing industry [J]. Design Studies, 1985, 6(3): 127−133. doi:10.1016/0142−694X(85)90002−X.

[215] Weber M. Economy and society: An outline of interpretive sociology (Vol. 1) [M]. Berkeley: University of California Press, 1978.

[216] Wells W D, Tigert D J, Activities I. Opinions [J]. Journal of advertising research, 1971, 11(4): 27−35.

[217] William L. Life style concepts and marketing [J]. Toward scientific marketing, 1963,15(4): 130−139.

[218] Wolf G. The quantified self. TED. [EB/OL]. https://www.ted.com/talks/gary_wolf_the_quantified_self.